Raul Rabello Mesquita

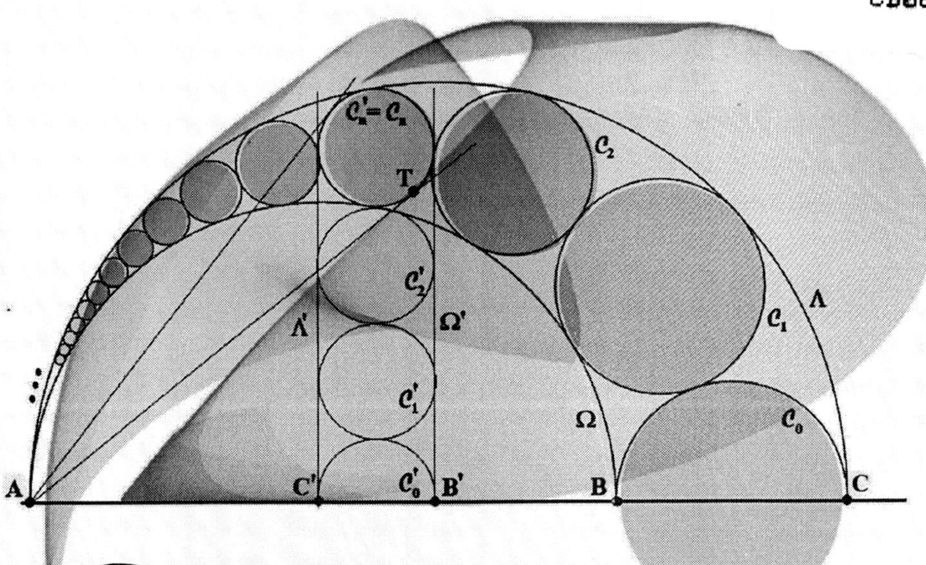

Geometria Inversiva

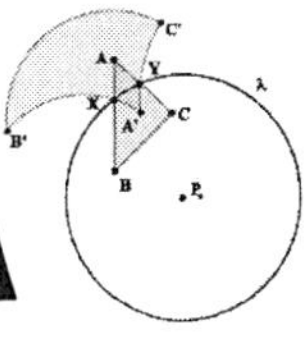

Editora Ciência Moderna

Editor: Paulo André P. Marques
Produção Editorial: Dilene Sandes Pessanha
Capa: Daniel Jara
Copidesque: Equipe Ciência Moderna

FICHA CATALOGRÁFICA

MESQUITA, Raul Rabello.

Geometria Inversiva

Rio de Janeiro: Editora Ciência Moderna Ltda., 2022.

1. Matemática 2. Geometria
I — Título

ISBN: 978-65-5842-221-1 CDD 510
516

Editora Ciência Moderna Ltda.
R. Alice Figueiredo, 46 – Riachuelo
Rio de Janeiro, RJ – Brasil CEP: 20.950-150
Tel: (21) 2201-6662/ Fax: (21) 2201-6896
E-MAIL: LCM@LCM.COM.BR
WWW.LCM.COM.BR

10/22

Para meu amado filho
Espero um dia ter merecido a honra de ter sua companhia neste mundo.

Sumário

Prefácio ix

I Inversão Plana 1

1 Definição e Primeiras Propriedades 3
1.1 Uma Extensão da Ideia de Inversão Numérica 3
1.2 A Inversão Geométrica 5
1.3 Construção Geométrica do Inverso de um Ponto Dado 7
1.4 Comparação entre Segmentos 9
1.5 Razão Cruzada 12
1.6 Exercícios 12

2 O Infinito 15
2.1 Ponto no Infinito 15
2.2 Enxergando o Infinito 16
2.3 Exercícios 20

3 Inversão em Retas e Círculos 21
3.1 O que Significa Inverter um Conjunto de Pontos 21
3.2 Invertendo Retas 22
3.3 Invertendo Círculos 28
3.4 Uma Relação entre Áreas 30
3.5 Invertendo Regiões 32
3.6 Aplicações 33
3.6.1 O Círculo de Apolônio 37
3.6.2 Teorema de Ptolomeu 40
3.6.3 Ponto de Miquel 42
3.6.4 USAMO 1993/2 43
3.6.5 Área do Triângulo Pedal 45
3.7 Obtenção do Centro e do Raio de Inversão 49
3.7.1 Reta e Circunferência Exteriores 49
3.7.2 Reta e Circunferência Tangentes 50
3.7.3 Reta e Circunferência Secantes 51
3.7.4 Duas Circunferências Exteriores de Raios Diferentes 52
3.7.5 Duas Circunferências Tangentes Exteriormente e de Raios Diferentes 54
3.7.6 Duas Circunferências Secantes de Raios Diferentes 55
3.7.7 Duas Circunferências Interiores de Raios Diferentes (Tangentes ou Não) 56
3.8 Mecanismos Inversores 57
3.8.1 Mecanismo Inversor de Hart 57
3.8.2 Mecanismo Inversor de Peaucellier 59
3.9 Exercícios 60

4 Ângulos entre Curvas. A Conformidade da Inversão **65**
4.1 Ângulo entre curvas . . . 65
4.2 A conformidade da inversão geométrica . . . 66
4.2.1 O Significado do Termo . . . 66
4.2.2 A Conformidade da Inversão em $\mathbb{R}^2$ . . . 66
4.3 Exercícios . . . 68

5 Potência de Ponto, Eixo e Centro Radicais **69**
5.1 Circunferências Exteriores . . . 74
5.2 Circunferências Tangentes Exteriormente . . . 75
5.3 Circunferências Secantes . . . 76
5.4 Circunferências Tangentes Interiormente . . . 76
5.5 Circunferências Interiores . . . 77
5.6 Uma Aplicação: Fórmula de Euler para Distância entre Incentro e Circuncentro . . . 79
5.7 Eixo Radical de Duas Circunferências que Não se Intersectam . . . 79

6 Ortogonalidade **81**
6.1 Uma Propriedade Característica . . . 81
6.2 Inversão e Ortogonalidade . . . 82
6.3 Aplicações . . . 88
6.3.1 Inversão Levando a Círculos Concêntricos . . . 88
6.3.2 Inversão Levando a Círculos de Mesmo Tamanho . . . 89
6.3.3 Cadeia de Pappus . . . 89
6.3.4 Teorema de Feuerbach . . . 90
6.3.5 Cadeias de Steiner . . . 96

7 Uma Aplicação Clássica: Os Problemas de Apolônio **101**

8 Resolução de Problemas de Olimpíadas Usando Inversões **113**
8.1 Problemas Resolvidos . . . 113
8.2 Problemas Propostos de Olimpíadas . . . 114

9 A Projeção Estereográfica Plana **117**

10 Uma Aplicação Notável: A Geometria Hiperbólica **121**
10.1 O Que É a Geometria Hiperbólica . . . 121
10.2 Semiplano de Poincaré . . . 122

II Inversão n-Dimensional **125**

11 Pequena Digressão sobre Álgebra Vetorial **127**
11.1 Vetor e norma . . . 127
11.2 Produto Interno . . . 128
11.3 Retas e Planos . . . 129
11.4 Algumas Transformações Lineares . . . 130

12 Extensão Dimensional **133**
12.1 A Definição Geral . . . 133
12.2 Invertendo Planos e Esferas . . . 134
12.3 A projeção Estereográfica n-Dimensional . . . 138
12.3.1 A Projeção Estereográfica Tridimensional . . . 138
12.3.2 O Caso Geral . . . 140
12.3.3 Uma Propriedade Importante . . . 144

13 Pequena Digressão Sobre Análise Vetorial **147**
13.1 Aplicações Diferenciáveis; Diferencial de Uma Aplicação 147
13.2 Diferenciando Algumas Aplicações Básicas 149

Referências Bibliográficas **151**

Prefácio

A principal motivação para escrever este livro foi tentar fornecer os fundamentos da teoria das inversões geométricas e mostrar um pouco da beleza e da abrangência desse assunto.

Na Parte I - Inversão Plana - tratamos da teoria e dos resultados básicos, sempre enfatizando o caráter elementar dessa parte da geometria, que não requer absolutamente quaisquer conhecimentos prévios para sua compreensão, e só não é ministrado normalmente nas escolas por limitações de tempo.

Os primeiros capítulos tratam do estabelecimento dos resultados básicos da inversão em retas e círculos, e essa parte culmina com uma pequena explanação dos problemas de Apolônio, alguns fatos básicos sobre a projeção estereográfica plana e uma discussão sobre a geometria hiperbólica plana - ambiente no qual as inversões têm papel crucial. Nessa Parte são também propostos vários problemas de olimpíadas de matemática de diversas partes do mundo, como exemplo e sugestão de aplicação das inversões geométricas.

A Parte II - absolutamente dispensável para aqueles que pretendem simplesmente ser apresentados à geometria inversiva - é a única onde se pressupõe algum conhecimento de matemática superior, e aqui a ideia de inversão é estendida dimensionalmente e também se prova de forma rigorosa a conformidade dessa aplicação. Ela se inicia com breves digressões sobre análise e álgebra linear, que têm aqui como único fim lembrar, ao leitor já iniciado, as ferramentas que serão usadas, e não o de desenvolver completamente o assunto.

Muito embora exija alguma matemática superior, essa Parte ajuda a fornecer uma visão do panorama geral da geometria em questão e de suas relações com tópicos muito comuns no ensino superior, como projeções estereográficas e aplicações conformes.

Setembro, 2022

Parte I

Inversão Plana

Capítulo 1

Definição e Primeiras Propriedades

1.1 Uma Extensão da Ideia de Inversão Numérica

Uma ideia bastante simples, comumente usada desde o Ensino Fundamental, é a de inverso de um número real x não nulo. Entende-se como inverso de x aquele número x' tal que $x.x' = 1$. A exigência de se ter $x = 0$ fica óbvia após um simples exame da relação anterior. Essa mesma relação ainda nos diz que, assim como x, seu inverso também será não nulo.

Estendendo ligeiramente essa ideia, fixemos um número real $r > 0$. Dado qualquer real $x \neq 0$, dizemos que x' será o inverso de x com potência r^2 se

$$x.x' = r^2.$$

Aqui novamente x' acabará sendo não nulo. Além disso, veja que quanto maior for o valor *absoluto* de x, menor será o valor absoluto de x' e vice-versa, simplesmente porque o produto (r^2) é fixo.

Evidentemente, a inversão numérica de $x.x' = 1$ nada mais é do que um caso particular obtido na inversão de potência r^2, com $r = 1$.

Sobre a inversão de potência r^2, três propriedades aqui saltam aos olhos:

- **Todo número não nulo admite inverso.** Basta observar que, se $x \neq 0$, então fazendo $x' = \frac{r^2}{x}$ teremos $x.x' = r^2$.

- **O inverso, quando existe, é único.** De fato, seja $x \neq 0$, e suponhamos que x' e x'' sejam ambos inversos de x, ou seja, que

$$x.x' = r^2$$

$$x.x'' = r^2.$$

  Segue que $x.x' = x.x''$ e, sendo x não nulo, podemos dividir ambos os membros dessa igualdade por x encontrando asim

$$x' = x''.$$

- **O inverso do inverso de um número é o próprio número.** Seja x' o inverso de um real $x \neq 0$ (o que, como sabemos, já implica em que x' é também não nulo), e seja $(x')'$ o inverso de x'. Então

$$x'.(x')' = r^2.$$

  Como x' é o inverso de x, temos também

$$x'.x = r^2.$$

  As duas relações acima em conjunto nos fornecem $x'.(x')' = x'.x$ e, sendo x não nulo, podemos dividir ambos os membros dessa igualdade por x encontrando asim

$$(x')' = x.$$

  Devido a esta última propriedade, dizemos que a inversão numérica é uma *involução*.

Mas ainda há outras propriedades que saltam aos olhos aqui.

Por exemplo: se a distância entre x e a origem (também chamada *centro de inversão*) for *maior* que o raio de inversão, ou seja, se $|x| > r$, então tomando o módulo nos dois membros da igualdade $r^2 = x.x'$ teremos $r^2 = |x|.|x'|$ (o módulo do produto é o produto dos módulos) e, aplicando aí a relação $|x| > r$ teremos $r^2 > r.|x'|$, ou seja, $|x'| < r$. Em suma, se a distância entre x e a origem for maior que o raio de inversão, então a distância entre seu inverso x' e a origem será *menor* que o raio de inversão.

É claro que vale afirmação análoga se simplesmente invertermos a desigualdade: se a distância entre x e a origem for menor que o raio de inversão, então a distância entre seu inverso x' e a origem será maior que o raio de inversão.

Segue naturalmente dessas últimas considerações que, se a distância entre x e a origem for igual ao raio de inversão, então o mesmo ocorre com seu inverso x'. E, como x e seu inverso x' têm sempre o mesmo sinal (pois o produto $x.x' = r^2$ é estritmamente positivo), tem-se neste caso que $x = x'$.

De maneira um pouco mais geral, podemos observar que, quanto mais distante da origem estiver um número x, mais próximo dela estará seu inverso x', e reciprocamente.

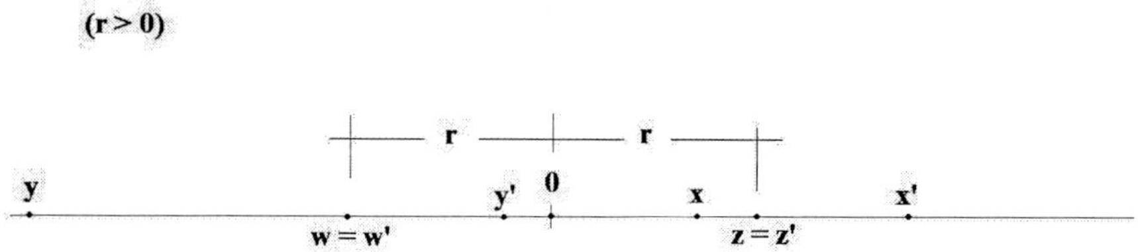

Figura 1.1: Inversão de potência r^2.

De fato, seja $L > 0$ qualquer. Se $x \in \mathbb{R}$ é tal que $L < |x|$, então de $|x|.|x'| = r^2$ (e portanto de $|x|.|x'| = r^2$) vem que $L.|x'| < r^2$, o que nos fornece $|x'| < \frac{r^2}{L}$. Assim, quanto maior for L, menor será $|x'|$, e vice-versa.

A figura 1.1 ilustra essas ideias. Veja que x está mais perto da origem que y... e portanto, x' estará mais *longe* da origem que y'. Na figura, os pontos z e w estão ambos à distância r (o raio de inversão) da origem. Esses dois pontos serão portanto, cada um deles, seus respectivos inversos.

Observe que tudo isso é efetuado em uma *reta* numérica. Na mais geral das hipóteses, podemos representar qualquer número real em uma reta, e seu inverso (quando existir, ou seja, quando tal número for não nulo) estará na própria reta.

1.2 A Inversão Geométrica

Passemos agora a mais uma extensão dessa ideia. Antes de mais nada, convém aqui fixar uma notação, e também lembrar algumas definições básicas pertencentes ao escopo da geometria plana que são de fácil apelo intuitivo, que serão usadas ao longo de toda esta Primeira Parte.

Dados os pontos distintos A e B do plano,...

- a reta que contém A e B será aqui denotada simplesmente por AB.
- o *segmento de reta* de extremos A e B, ou seja, o conjunto composto pelos pontos A e B e por mais todos aqueles pontos da reta AB que estiverem *entre*[1] A e B, será denotado por $\overline{AB}$.
- A *medida*[2] ou o *comprimento* do segmento $\overline{AB}$ será denotada por $|\overline{AB}|$.
- A semirreta que contém B e de origem A, isto é, o conjunto formado por todos os pontos de $\overline{AB}$ e por todos aqueles pontos X do plano tais que B está entre A e X, será denotada por $\overrightarrow{AB}$.
- O *círculo* de centro O e raio r é o conjunto daqueles pontos do plano cuja distância ao ponto O é *menor ou igual* a r. O *interior* do círculo é por definição o conjunto dos pontos que estão a uma distância *menor* que r do ponto O. O *exterior* é o conjunto dos pontos que estão a uma distância *maior* que r do ponto O, e o conjunto dos pontos que estão à distância r do ponto O é a *circunferência*.

Vamos aqui assumir tacitamente que, dados uma semirreta qualquer $\overrightarrow{AB}$ e um número real $d > 0$, então existe um único ponto $C \in \overrightarrow{AB}$ tal que $|\overline{AC}| = d$.

Postularemos também que o segmento AB está contido na semirreta $\overrightarrow{AB}$, que por sua vez está contida na reta $\overrightarrow{AB}$.

Na figura a seguir fazemos uma representação gráfica das ideias de reta, segmento e semirreta.

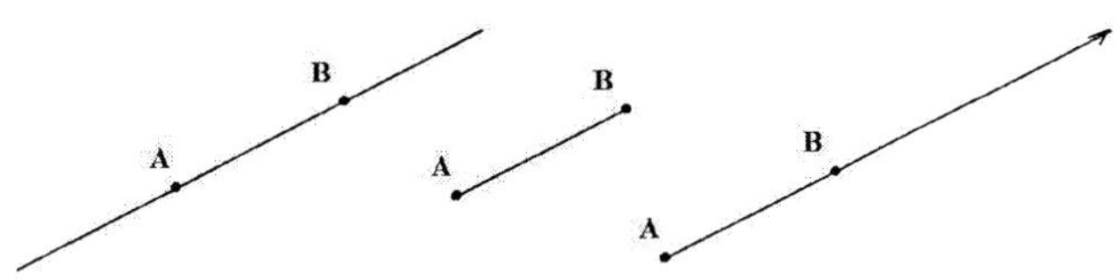

Figura 1.2: Representação de reta, segmento e semirreta

A seguir, vemos também uma representação da ideia de circunferência e círculo. Na figura 1.3, vemos um círculo (cuja circunferência chamaremos de λ) de centro O e raio r. O ponto A, cuja distância ao *centro* O é menor do que o raio r, está no *interior* do círculo de circunferência λ. O ponto B está *na circunferência* λ (pois sua distância ao centro é precisamente r), e o ponto C, cuja distância ao centro é maior do que o raio, está no *exterior* desse círculo.

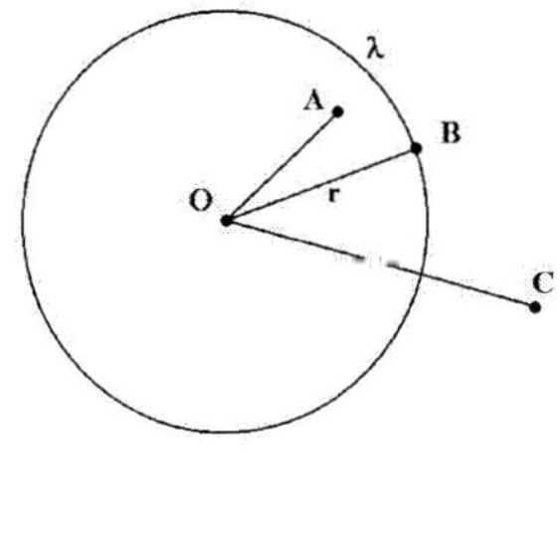

Figura 1.3: O ponto B está sobre a circunferência. Os pontos A e C estão respectivamente no interior e no exterior do círculo.

[1]O conceito de *estar entre*, aqui para nós, é tomado como primitivo e assumido tacitamente.

[2]O conceito de medida de um segmento será aqui assumido tacitamente sem maiores problemas, pois não se farão exigências mais técnicas acerca do assunto.

Muito embora não seja muito recomendado, iremos aqui frequentemente denotar pelo mesmo símbolo tanto o círculo como sua circunferência. Feita esta ressalva, esperamos não dar margens a ambiguidades.

Estamos agora em condição de definirmos a inversão geométrica no plano.

Definição 1.1. *Fixemos um ponto O do plano, e construamos uma circunferência λ de centro O e raio $r > 0$ qualquer.*

Dado qualquer *ponto P do plano, distinto de O, tomemos sobre a semirreta $\overrightarrow{OP}$ um ponto P' tal que*

$$|\overline{OP}|.|\overline{OP'}| = r^2. \tag{1.1}$$

Dizemos que P' é o inverso de P com respeito à circunferência λ, ou que é o inverso de P, com potência r^2, e com respeito ao ponto O.

A circunferência λ é chamada de *circunferência de inversão*, seu centro O é dito o *centro de inversão*, seu raio r é o *raio de inversão* e a quantidade r^2 é dita a *potência de inversão.*

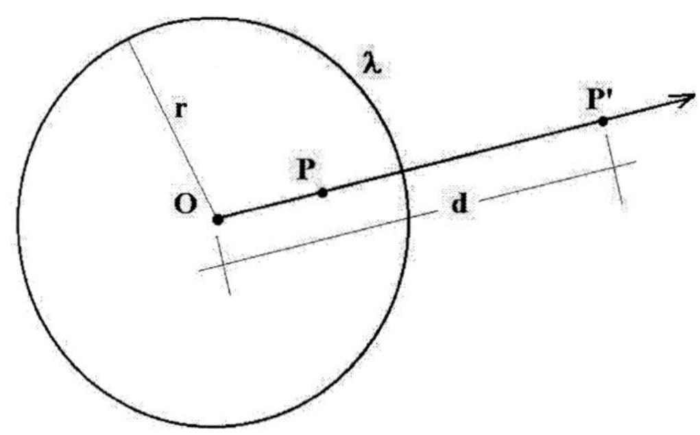

Figura 1.4: P' é o inverso de P, com potência r^2.

Observação 1.1. *Caso prefiramos nos referir ao* círculo *de centro O e raio r (ou seja, ao conjunto dos pontos do plano cuja distância ao ponto O é* menor ou igual *a r, o que nos leva a considerar a circunferência λ juntamente com o interior da região por ela limitada), tal círculo será analogamente chamado de* círculo de inversão.

De forma análoga ao caso numérico, aqui temos propriedades fundamentais que seguem imediatamente dessa definição:

Proposição 1.1. *Uma inversão de centro O e potência r^2 satisfaz as seguintes propriedades:*

(1) Todo ponto P distinto de O admite um inverso.

(2) Se P' e P^* são ambos inversos de um ponto $P \neq O$, então $P' = P^*$ (o inverso, quando existe, é único).

(3) $(P')' = P$, seja qual for $P \neq O$.

DEMONSTRAÇÃO:

(1) Basta que tomemos um ponto P' na semirreta $\overrightarrow{OP}$, tal que $|\overline{OP'}| = \frac{r^2}{|\overline{OP}|}$, pois pela definição esse P' será inverso de P. Essa expressão tem sentido, uma vez que $P \neq O$ e portanto $|\overline{OP}| \neq 0$.

(2) Sejam P' e P^* ambos inversos de um ponto $P \neq O$. então $|\overline{OP}|.|\overline{OP'}| = r^2 = |\overline{OP}|.|\overline{OP^*}|$, o que nos dá $|\overline{OP'}| = |\overline{OP^*}|$. Mas, uma vez que é único o ponto em uma semirreta que realiza uma distância dada, então $P' = P^*$.

(3) Como P' é o inverso de P, ocorre $|\overline{OP}|.|\overline{OP'}| = r^2$. Sendo $(P')'$ o inverso de P', temos ainda $|\overline{O(P')'}|.|\overline{OP'}| = r^2$. Essas duas relações nos fornecem $|\overline{OP}|.|\overline{O(P')'}| = r^2$ e daí segue a igualdade mencionada.

✓

Devido ao item 3 da proposição acima, podemos dizer que P e P' são inversos um do outro.
Algumas outras consequências da definição também são facilmente deduzidas.
Como sempre, iremos considerar uma inversão com respeito a uma circunferência λ de centro O e raio r.

- **Dado qualquer $P \neq O$, seu inverso P' está sobre a reta OP.** De fato, basta lembrar que (por definição) P' está na semirreta $\overrightarrow{OP}$ que, por sua vez, está contida na reta OP.
- **Se $P \neq O$ está no interior do círculo, então seu inverso P' está no exterior desse círculo, e vice-versa.** Com efeito, se $r > |\overline{OP}|$ então, de $|\overline{OP}|.|\overline{OP'}| = r^2$ vem que $|OP'| > r$.
- **Qualquer ponto sobre a circunferência λ será invertido em si mesmo.** Isso segue imediatamente do exposto no item anterior.
- **Quanto mais longe do centro de inversão estiver um ponto, mais perto desse centro estará seu inverso, e reciprocamente.** Essa frase de caráter um tanto intuitivo pode ser rigorosamente provada assim: Dado qualquer $L > 0$, se P é um ponto tal que $|\overline{OP}| > L$ então, de $r^2 = |\overline{OP}|.|\overline{OP'}|$, obtemos $|OP'| < \frac{r^2}{L}$. Assim sendo, quanto maior for L, menor será $|OP'|$ e vice-versa.

1.3 Construção Geométrica do Inverso de um Ponto Dado

Ao nos referirmos a *construções geométricas* ao longo deste livro, estaremos com isso nos referindo a construções elementares com auxílio simplesmente de régua e compasso. Tais instrumentos, entretanto, não serão exigidos aqui em momento algum, pois o que será feito aqui será simplesmente a exibição e a justificativa de um algoritmo para se obter a figura desejada. O entendimento da justificativa desse algoritmo já é mais do que suficiente para nossos propósitos.

No presente caso, vamos começar já com a própria justificativa, que evoca um resultado muito conhecido da geometria plana elementar.

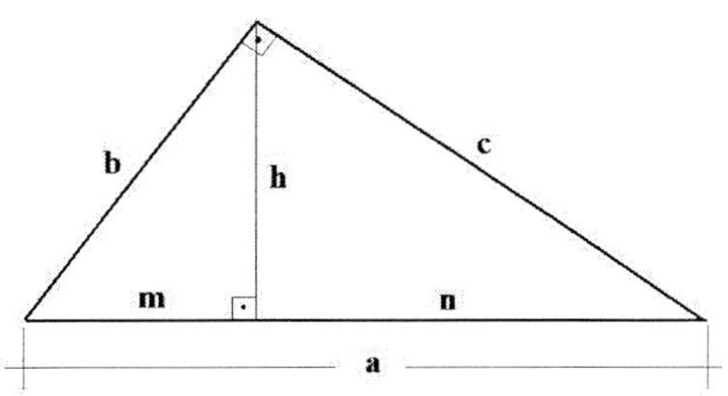

Figura 1.5: $b^2 = a.m$.

Considerando um triângulo retângulo de hipotenusa de medida a, e cujos catetos medem b e c, baixemos pelo vértice do ângulo reto uma perpendicular à hipotenusa, que a dividirá em dois segmentos aditivos de medidas m e n (conforme a figura 1.5).

Além do próprio Teorema de Pitágoras, valem as seguintes relações, muitíssimo conhecidas na geometria elementar:

$$\boxed{b^2 = a.m}$$

$$\boxed{c^2 = a.n}$$

$$\boxed{h^2 = m.n}$$

$$\boxed{b.c = a.h}$$

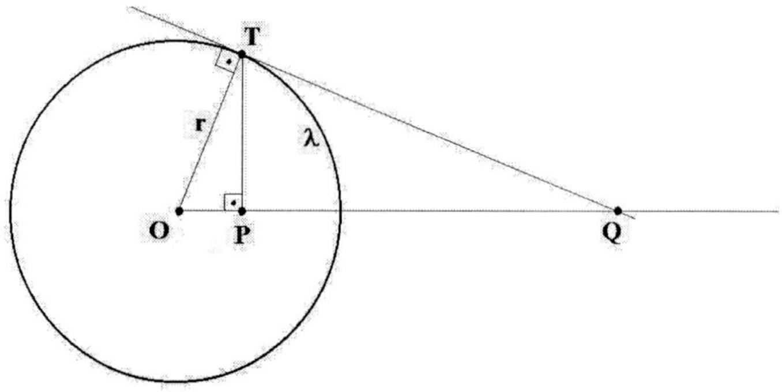

Figura 1.6: P e Q são inversos um do outro.

Para o que pretendemos, bastará nos lembrarmos da primeira dessas relações.

Consideremos uma inversão com respeito a uma circunferência λ de centro O e raio r. Vamos primeiramente atentar para um ponto P no interior desse círculo.

O ponto P define e pertence a uma semirreta de origem O.

(1) Levantemos, por P, uma perpendicular a essa semirreta, que encontrará λ em um ponto T.

(2) Pelo ponto T, tracemos a tangente a λ (aqui, lembre-se de que uma tangente a uma circunferência é perpendicular ao raio no ponto de contato). Seja Q o ponto em que[3] essa tangente encontra a semirreta $\overrightarrow{OP}$.

Afirmamos que o ponto Q é o inverso de P.

De fato, basta observarmos que a relação $b^2 = a.m$ se traduz, no triângulo retângulo OQT, como $r^2 = |\overline{OP}|.|\overline{OQ}|$. O que imediatamente nos informa que Q é o inverso de P. ✓

Para o caso de tomarmos inicialmente um ponto no *exterior* do círculo de inversão, podemos agir de forma inversa àquela que acabamos de usar (aconselhamos enfaticamente acompanhar as ideias abaixo com auxílio da própria figura 1.6). Com isso, queremos dizer o seguinte:

Seja Q um ponto no exterior do círculo de inversão. Por esse ponto, tracemos uma tangente a esse círculo, e chamemos de T o ponto de tangência.

Pelo ponto T, baixamos uma perpendicular à reta determinada por Q e O, que encontrará tal reta num ponto P.

Agora, basta reescrever a relação $b^2 = a.m$ no triângulo retângulo OQT, para concluirmos que P é o inverso de Q.

E se começarmos por um ponto W sobre a própria circunferência λ?

Nesse caso não teremos trabalho algum na construção do inverso de W, pois uma das observações após a definição de inversão geométrica (qualquer ponto sobre a circunferência de inversão será invertido em si mesmo) já nos diz que W é seu próprio inverso.

Observação 1.2. *Em matemática, uma das formas de se provar que algo existe é simplesmente* construindo *esse algo. Isso é um procedimento usado desde a antiguidade, hoje tão válido como antes. Nesse sentido, o que fizemos acima foi, em linhas gerais, outra demonstração da existência do inverso geométrico de um ponto.*

Observação 1.3. *Segue naturalmente do que vimos acima que se S e T são pontos de tangência com uma circunferência λ a partir de um ponto exterior P, então o inverso P' (com respeito à circunferência λ) é o ponto médio da corda $\overline{ST}$. Isso segue imediatamente (ver figura 1.7) do fato de que os triângulos retângulos $PP'S$ e $PP'T$ são congruentes (por possuírem respectivamente congruentes as medidas de um cateto e da hipotenusa) e portanto $\overline{P'S} \equiv \overline{P'T}$.*

[3] Uma vez que $P \neq O$, é fácil provar que o ângulo $\widehat{POT}$ é agudo, o que irá garantir que a tangente pelo ponto T irá de fato encontrar a semirreta $\overrightarrow{OP}$. Não iremos, entretanto, nos ater a detalhes dessa natureza, pois o foco aqui é simplesmente mostrar a construção elementar do inverso de um ponto.

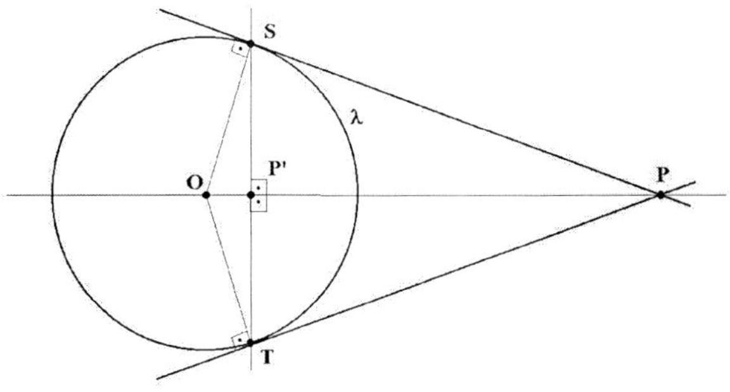

Figura 1.7: O inverso P', de P, é o ponto médio de $\overline{ST}$.

Na maior parte dos casos doravante contemplados, ao efetuarmos uma inversão geométrica não será preciso especificar quem será o raio de inversão, sendo suficiente lembrar que será sempre um número r estritamente positivo. O olhar será no *efeito* da inversão sobre as figuras consideradas.

1.4 Comparação entre Segmentos

Consideremos inverter os pontos distintos A e B, que definem uma reta que passa pelo centro de inversão O.

Para fixar as ideias, vamos supor[4] que A está entre O e B. Observe que os inversos A' e B' serão tais que B' estará entre O e A'.

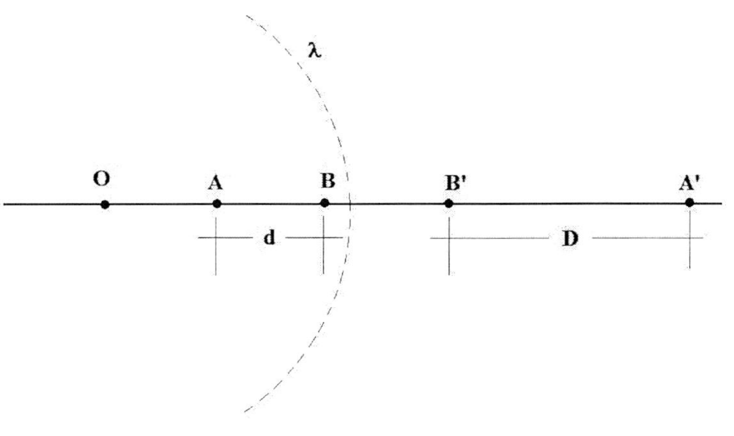

Figura 1.8: d e D são os comprimentos de $\overline{AB}$ e de $\overline{A'B'}$, respectivamente.

Sejam d e D, respectivamente, os comprimentos dos segmentos $\overline{AB}$ e $\overline{A'B'}$. Vamos relacionar os comprimentos d e D.

[4]O caso em que o ponto O está entre A e B será deixado como exercício para o leitor, e levará ao mesmo resultado numérico a que chegaremos aqui.

Ora, temos

$$\begin{aligned} D &= |\overline{OA'}| - |\overline{OB'}| \\ &= \frac{r^2}{|\overline{OA}|} - \frac{r^2}{|\overline{OB}|} \\ &= r^2\left(\frac{1}{|\overline{OA}|} - \frac{1}{|\overline{OB}|}\right) \\ &= r^2\left(\frac{|\overline{OB}| - |\overline{OA}|}{|\overline{OA}|.|\overline{OB}|}\right) \\ &= \frac{r^2 d}{|\overline{OA}|.|\overline{OB}|}, \end{aligned}$$

onde r é o raio de inversão.

Assinalamos neste momento que os comprimentos d e D *não são*, necessariamente, inversos um do outro.

Para constatarmos isso, considere o seguinte contraexemplo: seja λ a circunferência de raio 3 e centro num ponto O de uma reta que também contém os pontos A e B, de acordo com a figura 1.9.

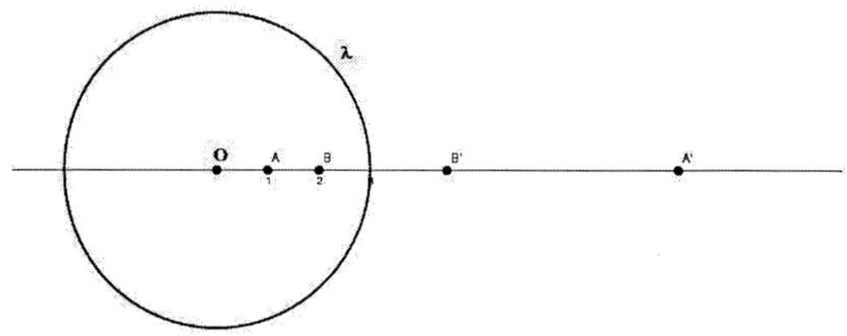

Figura 1.9: Os comprimentos d e D não são inversos um do outro.

Com os dados da figura, fica simples inferirmos que o comprimento d do segmento $\overline{AB}$ é 1, que a distância $|\overline{OB'}|$ é $4,5$ e que a distância $|\overline{OA'}|$ é 9. E que, portanto, o comprimento D do segmento $\overline{A'B'}$ é $4,5$.

Então, neste caso, teremos $d.D = 4,5$. Mas, para que d e D fossem inversos um do outro, deveríamos ter $d.D = 9$ (o quadrado do raio de inversão).

No entanto, a relação acima encontrada entre essas duas distâncias persiste mesmo para o caso geral em que os pontos O, A e B não forem colineares. Senão vejamos:

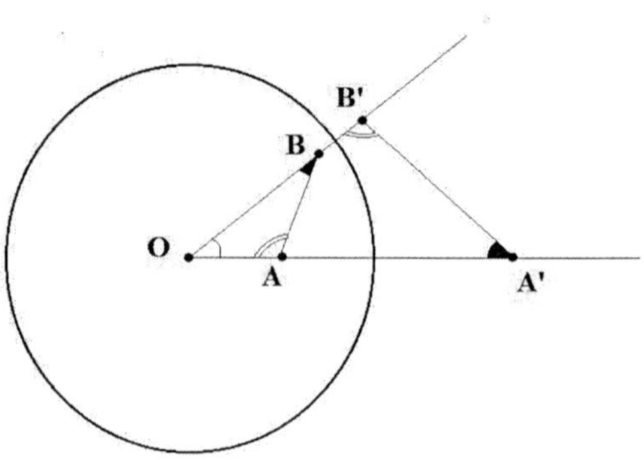

Figura 1.10: Os triângulos OAB e $OB'A'$ são semelhantes. Em particular, o quadrilátero $ABB'A'$ é inscritível.

Considerando o caso em que O, A e B não são colineares (ver figura 1.10), então da relação

$$|\overline{OA}|.|\overline{OA'}| = r^2 = |\overline{OB}|.|\overline{OB'}|$$

chegamos a

$$\frac{|\overline{OA}|}{|\overline{OB'}|} = \frac{|\overline{OB}|}{|\overline{OA'}|}$$

o que, junto com o fato de que os triângulos OAB e $OB'A'$ compartilham um mesmo ângulo ($\widehat{AOB} \equiv \widehat{B'OA'}$), concluímos pelo critério L.A.L. (lado-ângulo-lado) de semelhança de triângulos, que os triângulos OAB e $OB'A'$ são semelhantes (sendo a correspondência respectiva entre os vértices na ordem em que estes aparecem). O que logo nos induz também a concluir duas outras congruências angulares ($\widehat{OAB} \equiv \widehat{OB'A'}$, e $\widehat{OBA} \equiv \widehat{OA'B'}$) e também a completar a relação $\frac{|\overline{OA}|}{|\overline{OB'}|} = \frac{|\overline{OB}|}{|\overline{OA'}|}$ escrevendo

$$\frac{|\overline{OA}|}{|\overline{OB'}|} = \frac{|\overline{OB}|}{|\overline{OA'}|} = \frac{|\overline{AB}|}{|\overline{B'A'}|}. \tag{1.2}$$

Note que $|\overline{B'A'}| = |\overline{A'B'}|$ (o comprimento de um segmento não depende da ordem segundo a qual seus extremos aparecem).

Da relação (1.2) tiramos por exemplo $|\overline{A'B'}| = |\overline{AB}|.\frac{|\overline{OB'}|}{|\overline{OA}|}$ e,como $|\overline{OB'}| = \frac{r^2}{|\overline{OB}|}$, chegamos novamente a

$$|\overline{A'B'}| = \frac{r^2.|\overline{AB}|}{|\overline{OA}|.|\overline{OB}|} \tag{1.3}$$

(compare com a relação obtida para o caso em que O, A e B são colineares).

Aqui, mais uma vez, se faz necessário assinalar que os comprimentos $d = |\overline{AB}|$ e $D = |\overline{A'B'}|$ *não são necessariamente* o inverso um do outro.

Vamos sintetizar aqui o resultado obtido:

Se A, B e o centro de inversão O não são colineares, então os triângulos OAB e $OB'A'$ são semelhantes, sendo a correspondência entre os vértices na ordem em que eles aparecem acima. E a razão de semelhança será

$$\frac{|\overline{A'B'}|}{|\overline{AB}|} = \frac{r^2}{|\overline{OA}|.|\overline{OB}|},$$

onde r^2 é a potência da inversão.

Atentemos, por exemplo, para o caso da circunferência de centro O e raio 1 da figura 1.11, que será a circunferência de inversão. As duas retas que se cruzam em O são perpendiculares.

Observe que os pontos A e B são seus próprios inversos, por estarem sobre a circunferência de inversão. Veja que $d = |\overline{AB}| = \sqrt{2}$ (a medida da hipotenusa do triângulo retângulo OAB, cujos catetos medem 1). E, de acordo com nossa notação, como $D = |\overline{A'B'}|$, teremos também $D = \sqrt{2}$. Esse valor pode também ser imediatamente obtido através da relação (1.3), observando que no presente caso tem-se $r = |\overline{OA}| = |\overline{OB}| = 1$.

É evidente, então, que de D não são inversos um do outro, pois para que tal acontecesse aqui, deveríamos ter $d.D = 1$.

De qualquer forma, o que talvez seja mais importante frisar aqui é que os pontos do segmento $\overline{A'B'}$ *não são necessariamente* inversos de pontos do segmento $\overline{AB}$.

Por exemplo: No caso avaliado na figura 1.11, o segmento $\overline{AB}$ é o mesmo segmento $A'B'$. Entretanto, o ponto $P \in \overline{AB}$ não terá seu inverso P' sobre o segmento $\overline{A'B'} = \overline{AB}$... pois P' nem sequer estará no interior do círculo da figura (lembre-se de que, uma vez que $|\overline{OP}| < r$, então $|\overline{OP'}| > r$)!

Com isso em mente, podemos afirmar que os inversos dos pontos do segmento $\overline{AB}$ não estão necessariamente no segmento $\overline{A'B'}$.

Ainda que seja talvez prematuro já invertermos agora figuras inteiras (como um segmento, neste caso), é intuitivo chamarmos de *inverso do segmento* $\overline{AB}$ o conjunto de todos aqueles pontos que são inversos de pontos do segmento $\overline{AB}$. Como vimos, A' e B' pertencem a um tal conjunto. Mas (observe) nenhum outro ponto do segmento $\overline{A'B'}$ pertencerá a esse conjunto de inversos.

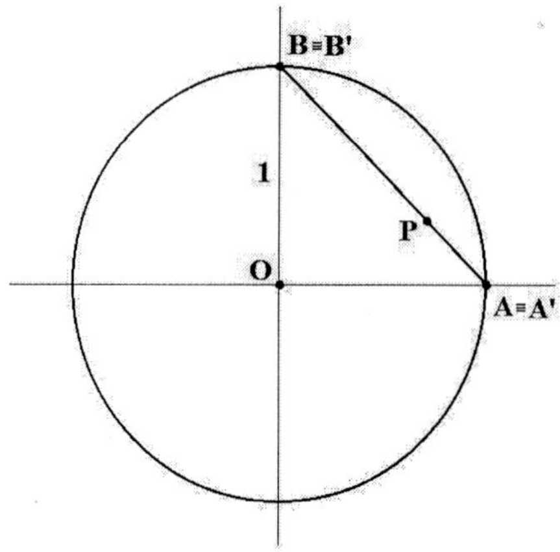

Figura 1.11: Os pontos de $\overline{A'B'}$ não são necessariamente os inversos de pontos de $\overline{AB}$.

Em capítulo posterior iremos tratar com detalhe dos inversos de algumas figuras básicas. No momento, porém, basta-nos estar convencidos de que o inverso de um segmento de reta nao é necessariamente um segmento de reta, salvo em casos extremamente particulares.

1.5 Razão Cruzada

Vamos ver aqui um importante invariante nas inversões: a *razão cruzada.*

Se A, B, C e D são quatro pontos colineares e A', B', C' e D' são seus respectivos inversos com respeito a um ponto O sobre a reta que os contém, então

$$\frac{|\overline{A'C'}|.|\overline{B'D'}|}{|\overline{A'D'}|.|\overline{B'C'}|} = \frac{|\overline{AC}|.|\overline{BD}|}{|\overline{AD}|.|\overline{BC}|}.$$

Costuma-se representar isso como

$$[A'B', C'D'] = [AB, CD].$$

Essa quantidade $[AB, CD]$ que se mantém é chamada de *razão cruzada* entre os pontos A, B, C e D.

Vamos mostrar que essa quantidade é de fato invariante.

Seja O um ponto qualquer na reta que contém A, B, C e D.

Pela comparação de segmentos, teremos

$$\begin{aligned}
[A'B', C'D'] &= \frac{|\overline{A'C'}|.|\overline{B'D'}|}{|\overline{A'D'}|.|\overline{B'C'}|} \\
&= \frac{\frac{|\overline{AC}|r^2}{|\overline{OA}|.|\overline{OC}|} \cdot \frac{|\overline{BD}|r^2}{|\overline{OB}|.|\overline{OD}|}}{\frac{|\overline{AD}|r^2}{|\overline{OA}|.|\overline{OD}|} \cdot \frac{|\overline{BC}|r^2}{|\overline{OB}|.|\overline{OC}|}} \\
&= \frac{|\overline{AC}|.|\overline{BD}|}{|\overline{AD}|.|\overline{BC}|} \\
&= [AB, CD]
\end{aligned}$$

onde r é qualquer número estritamente positivo.

1.6 Exercícios

1. Considere a inversão de potência 2 no conjunto dos números reais. Calcule o inverso de:

(a) 1 (b) 2 (c) −2 (d) −3

2. Considere, no plano, a inversão de centro num ponto P_0 e potência r. Descreva o conjunto de todos os pontos que são invertidos em si mesmos.

3. Considere, no plano, a inversão de centro num ponto P_0 e potência r. Sejam A e B pontos distintos entre si e distintos de P_0, e de forma que A, P_0 e B são colineares. Suponhamos que P_0 esteja entre A e B. Se A' e B' são respectivamente os inversos de A e de B, estabeleça a relação entre os comprimentos $D = |\overline{A'B'}|$ e $d = |\overline{AB}|$.

Capítulo 2

O Infinito

2.1 Ponto no Infinito

Um leitor dotado de um espírito mais investigativo pode estar ligeiramente incomodado com um detalhe.

Nossa definição de inversão *aparentemente* é incompleta.

Observe que, para definirmos o inverso de um ponto P, devemos impor a condição de que P seja *diferente* do centro de inversão. Esse centro de inversão não foi, portanto - digamos assim - *contemplado* por nossa definição. É o único ponto do plano que não tem inverso. Há motivos algébricos óbvios para isso acontecer, conforme vimos no início do capítulo anterior.

No entanto, isso não nos acarretará entrave algum, pelo menos na parte introdutória deste assunto. Já sabemos inverter qualquer ponto do plano que seja distinto do centro de inversão, e isso - como logo veremos - já nos proporcionará uma geometria bela e rica em resultados.

Some-se a isso o fato de que a correspondência criada pela inversão é uma correspondência *biunívoca*. Com isto, queremos dizer que a inversão, que a cada ponto (distinto do centro de inversão) leva a um único ponto (também distinto desse centro), goza das seguintes duas propriedades:

- Dois pontos distintos do plano, distintos também do centro de inversão, serão invertidos em pontos distintos. Isso é chamado de *injetividade*.

- Dado qualquer ponto Q do plano, que seja diferente do centro de inversão, então esse ponto é inverso de algum outro ponto do plano (existirá um ponto P tal que $P' = Q$). Constata-se facilmente esse fenômeno (chamado de *sobrejetividade*) simplesmente lembrando que $(P')' = P$.

Aqueles familiarizados com o conceito de função podem perceber que na verdade estamos tratando aqui de uma aplicação *bijetiva*: a aplicação de inversão é uma *bijeção* do plano menos um ponto em si mesmo, e bijeções admitem inversas, que também são bijeções.

Essa terminologia técnica, no entanto, não se faz necessária agora. O importante no momento é perceber que temos uma correspondência biunívoca.

Correspondências biunívocas, quando aparecem, são um fenômeno extremamente útil na matemática por fornecerem parâmetros para associação, contagem e comparação e resolvem uma imensa quantidade de problemas.

A correspondência de que falamos pode ser ilustrada através de diagramas (ver figura 2.1). Denotemos por $\prod$ conjunto dos pontos do plano menos o ponto O (o centro de inversão). A inversão pode ser vista como uma correspondência $f : \prod \to \prod$ que, a cada $P \in \prod$, associa um único $f(P) = P'$, e *vice-versa*. No diagrama da figura, toda a região cinza tem correspondência com algum ponto da região cinza do outro lado. E tal correspondência se inverte pelo mesmo caminho. a "lacuna" (o ponto que não pertence a esses conjuntos) é tão somente o ponto O (o centro de inversão), cuja ausência está aí representada por um "buraco".

Tal correspondência de inversão, que estamos aqui momentaneamente denotando por f é, portanto, muito bem definida (é inequívoca a maneira pela qual os pontos distintos de O se correspondem), e excetuando o ponto O, cada ponto está relacionado com seu único inverso.

Entretanto, existe uma maneira de estendermos a aplicação f, isto é, de fazer com que a definição de inversão contemple até mesmo o centro de inversão.

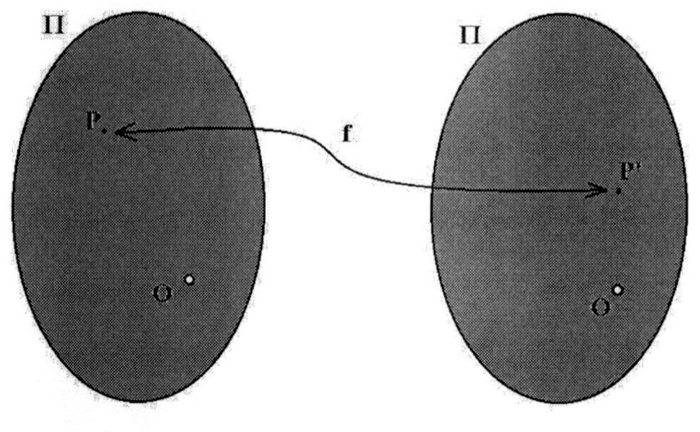

Figura 2.1: Só o centro de inversão fica sem correspondência.

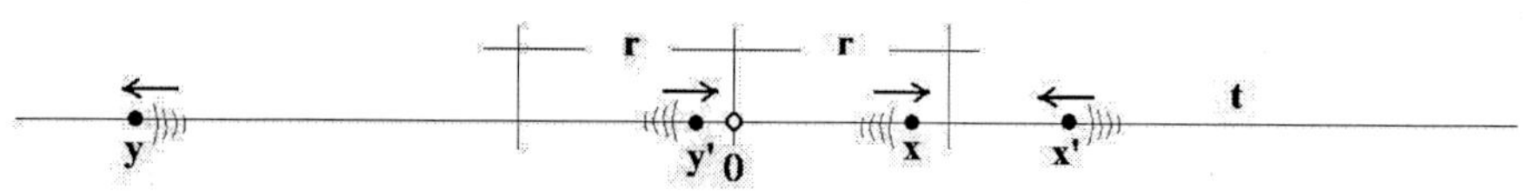

Figura 2.2: Um ponto se afasta da origem, enquanto seu inverso se aproxima dela.

Consideremos uma inversão de potência r^2, na reta real (ou seja, a reta que representará o conjunto$\mathbb{R}$ dos números reais), que chamaremos de t.

De acordo com o que vimos no primeiro capítulo, quanto mais distante da origem (centro de inversão) estiver um ponto, mais perto dela estará seu inverso, e reciprocamente, de forma que o produto $x.x'$ se mantenha constante (igual a r^2).

Traduzimos isso dizendo que quando o ponto tende ao infinito, seu inverso tenderá a zero.

É nesse sentido que podemos aqui fazer uma extensão.

Se quisermos incluir a origem como ponto a ser invertido, devemos *obrigatoriamente* acrescentar ao conjunto dos pontos da reta t um ponto Ω, que chamaremos aqui de *ponto no infinito*. Estenderemos a definição declarando que o inverso da origem é Ω, e que o inverso de Ω é a origem.

Desta forma, teremos contemplado *toda* a reta (até mesmo o centro de inversão teria assim um inverso), sob a penalidade, porém, de termos de acrescentar *mais um outro ponto* ao conjunto com o qual trabalharemos.

É importante assinalar que esse ponto Ω *não está na reta*. Se estivesse, haveria uma distância determinada d entre ele e a origem, e assim um certo ponto K cuja distância à origem fosse $\frac{r^2}{K} \neq 0$ seria o inverso de Ω e então, aí sim, teríamos ambiguidades em nossa tentativa de definição (Ω seria então inverso de K e da origem, ao mesmo tempo).

Esse acréscimo de um "ponto no infinito", reconhecemos, é uma ideia um tanto abstrata, e no momento ela só nos seria útil para satisfazer o capricho de incluir até o centro de inversão como ponto a ser invertido. Felizmente não necessitaremos tão cedo desse conceito, podendo colher muitos e importantes frutos excluindo o centro de inversão do conjunto dos pontos a serem invertidos. E é assim que iremos trabalhar nos próximos capítulos.

Outrossim, essa ideia de ponto no infinito não é tão abstrata como parece, e tem na verdade forte apelo intuitivo. Vamos mostrar, na seção a seguir, como tal ideia de fato surge de forma natural.

2.2 Enxergando o Infinito

Vamos ilustrar intuitivamente as próximas ideias trabalhando com inversão numérica, de forma idêntica àquela usada no início do capítulo anterior.

Chamemos de t a reta numérica (o conjunto dos números reais).

Cada ponto de t será identificado com um número (sua abscissa), que o localizará na reta (ver figura 2.3).

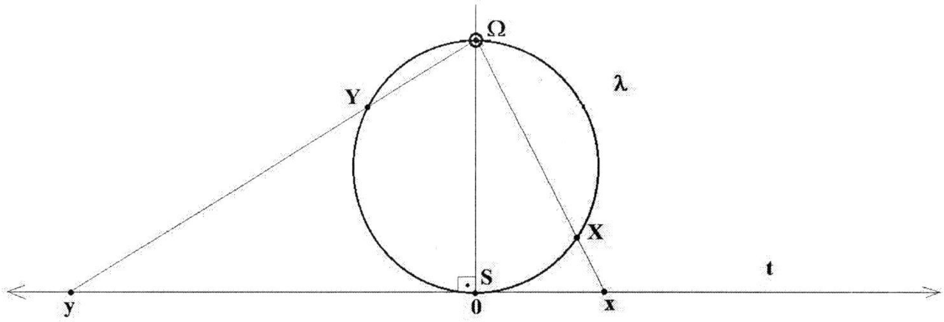

Figura 2.3: Uma correspondência entre λ (menos um ponto) e t.

Seja λ uma circunferência qualquer, tangente a t no ponto de coordenada zero (origem). Chamemos de S o "polo sul" de λ, e de Ω seu "polo norte".

A cada número real x (isto é, a cada ponto de t) façamos corresponder *um único* ponto de λ da seguinte forma:

- traçamos a reta que passa por Ω e por esse ponto de abscissa x;
- a intersecção X dessa reta com λ será aquele ponto de λ correspondente ao número real x.

Desta forma, vemos pelo exemplo da figura 2.3 que o zero tem o ponto S como correspondente, o número real x se corresponde com o ponto X e o número real y se corresponde com o ponto Y.

Note que *qualquer* ponto da reta (ou seja, qualquer número real) terá assim uma correspondência com algum ponto de λ.

Mas - observe - há um ponto na circunferência λ *que não se corresponde com ponto algum da reta* t.

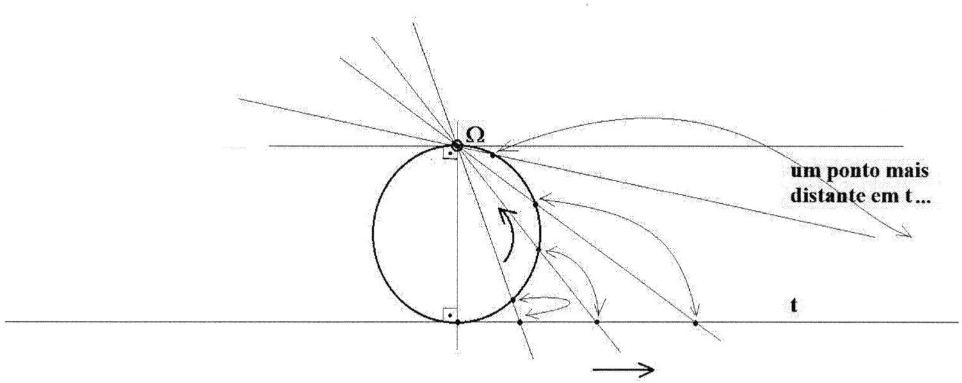

Figura 2.4: Uma representação do que acontece quando o correspondente de um ponto na reta se afasta indefinidamente da origem. Evidentemente, o processo aqui descrito vale também para abscissas negativas (ou seja, para o outro lado dessa vertical).

Intuitivamente podemos perceber isso, fazendo a abscissa x de um ponto de t crescer indefinidamente (por exemplo, movendo esse ponto da reta cada vez mais para longe da origem), e observando que a reta determinada por Ω e por esse ponto irá girando em torno de Ω, enquanto que sua intersecção X com λ caminhará, ao longo dessa circunferência, para cada vez mais perto desse "polo norte".

Reciprocamente, se preferirmos tomar a priori um ponto qualquer $X \in \lambda$, $X \neq \Omega$, então a reta ΩX encontrará a reta t em um ponto de abscissa x. Movendo o ponto $X \in \lambda$ para mais próximo de Ω, notamos que o valor absoluto $|x|$ da abscissa de seu correspondente em t irá aumentar (isto é, o correspondente a X, na reta t, irá se afastar cada vez mais da origem).

Prosseguindo assim indefinidamente com essa aproximação, a reta determinada por Ω e por $X \in \lambda$ irá girando em torno de Ω, aproximando-se cada vez mais da direção *horizontal*, enquanto que $|x|$ irá assumindo valores cada vez maiores.

Mas uma horizontal passando por Ω nada mais é do que uma *paralela a t*, passando por Ω... ou seja, uma reta que não encontraria t em ponto algum!

Nesse sentido, dizemos que Ω *não se corresponde com ponto algum* na reta.

O que poderia ser traduzido numa afirmação intuitiva bastante estranha, porém - pasmem - perfeitamente justificável: *a circunferência possui um ponto a mais que a reta*[1].

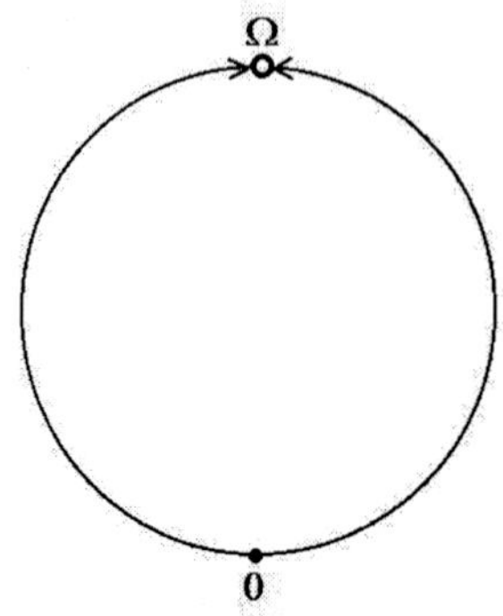

Figura 2.5: A reta real pode ser representada pela circunferência *menos* um ponto.

Desta forma, como os correspondentes de números reais de módulos cada vez maiores são pontos de λ cada vez mais próximos de Ω, a correspondência mencionada nos ajuda a enxergar Ω como o "ponto no infinito" de t.

Em conexão com isso, podemos também dizer que a circunferência menos um ponto (Ω) é uma representação da reta, ou seja, do conjunto dos números reais.

Com certa licença "poética", podemos dizer que, com essa representação da reta, podemos "enxergar o infinito" (é o ponto Ω).

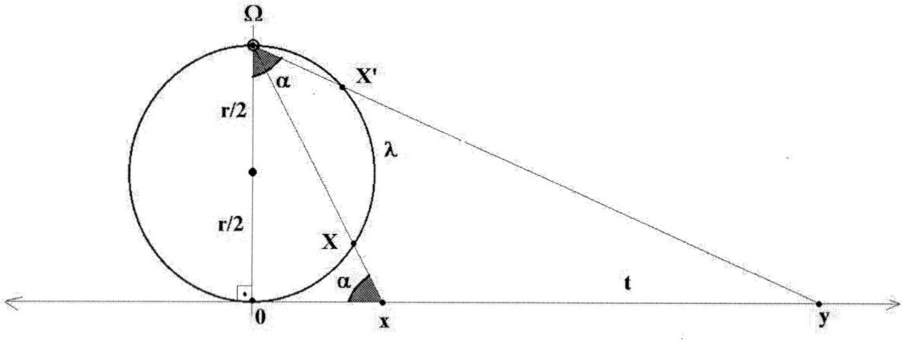

Figura 2.6: Construção do inverso de um ponto de t (um número real).

Uma circunferência λ desse tipo pode também ser usada para se construir os inversos de pontos na reta t. Para tanto, faremos unicamente a ressalva de tomar como diâmetro o raio de inversão. Ou seja: para o que segue, estaremos considerando uma circunferência λ de raio $r/2$, onde r^2 é a potência da inversão que estamos considerando nos números reais.

Seja dado um número real $x \neq 0$ (veja figura 2.6), e seja X seu correspondente em λ, obtido como descrito anteriormente.

Seja α a medida do ângulo agudo que a reta ΩX faz com a reta t.

Tracemos, ainda por Ω, uma reta que fará com t o mesmo ângulo agudo α. A única exigência é que tal reta toque t do mesmo lado em que está o ponto de abscissa x. Seja y a abscissa desse ponto de encontro com t.

[1]Isto pode realmente ser posto (e provado) em forma rigorosa, dizendo que a reta é *homeomorfa* a uma circunferência menos um ponto. Entretanto essa abordagem pertence mais ao escopo da topologia, belíssimo ramo da matemática que, embora de suma importância, não será exigido para o que abordaremos no presente texto.

Capítulo 3

Inversão em Retas e Círculos

3.1 O que Significa Inverter um Conjunto de Pontos

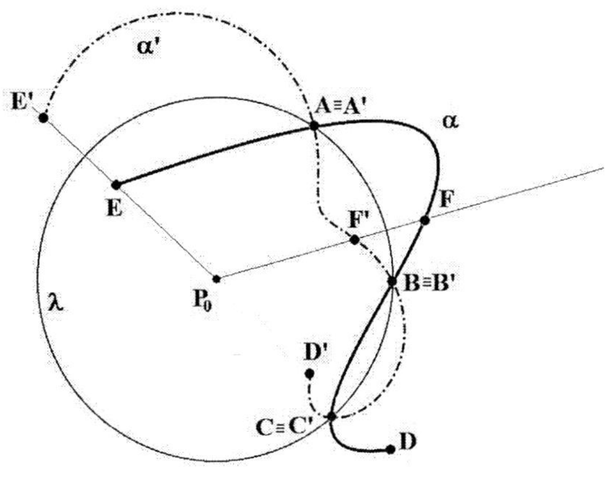

Figura 3.1: α' (a curva tracejada) é a inversa da curva α (a curva cheia). Na figura, os pontos A, B e C são seus próprios inversos, uma vez que estão sobre a circunferência λ. Observe que os trechos da curva α que estão no exterior de λ são invertidos em pontos no interior, e vice-versa.

Vamos iniciar este capítulo cometendo a pequena heresia de usarmos a mesma notação para um círculo e para sua respectiva circunferência (o bordo desse círculo).

Evidentemente, quando falarmos em inversão com centro em algum ponto, já estará subentendido que o raio de inversão é não nulo. Muitas vezes esse raio nem é mencionado, pois as propriedades que encontraremos não dependerão de seu valor.

Vamos aqui definir figura simplesmente como um conjunto de pontos.

Consideremos, no plano, uma inversão de centro P_0. Dada uma figura $\mathcal{F}$ qualquer, dizemos que a inversa de $\mathcal{F}$ é uma figura $\mathcal{F}'$, formada pelos pontos inversos dos pontos de $\mathcal{F}$.

Nosso interesse inicial é tratar de um tipo muito importante de figura.

Ainda intuitivamente, definiremos curva como sendo a trajetória de um ponto que se move (ou seja, todo o histórico de seu movimento). Curvas podem ser definidas de forma bastante precisa e rigorosa, mas isso não será necessário por enquanto. Essa ideia é suficiente. Assim, por exemplo, uma circunferência é uma curva, uma parábola é uma curva... e uma reta é uma curva

Comumente iremos denotar as curvas por uma letra grega minúscula (α, λ, etc.). A exceção aqui será apenas para as retas, que serão denotadas por letras *latinas* minúsculas (s, t, etc.).

Na figura 3.1, vemos uma curva (α) e sua inversa (α'). Os pontos de α' são denotados exatamente como seus correspondentes em α, porém recebem um " ' ".

Veja que, se determinada figura situa-se completamente no interior do círculo de inversão, sua inversa estará no exterior desse círculo, e reciprocamente (figura 3.2).

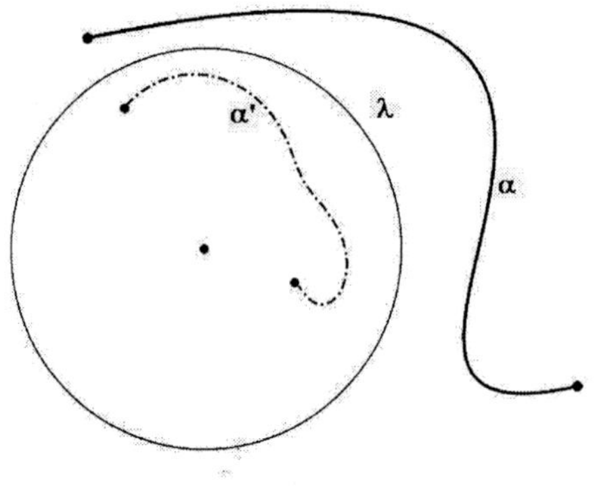

Figura 3.2: α está contida no exterior do círculo de inversão λ, e portanto α' está toda no interior de λ .

Outro fato interessante - e importantíssimo - é o de que, se uma figura $\mathcal{F}$ passa pelo centro de inversão, sua inversa $\mathcal{F}'$ com certeza será *ilimitada*, isto é, sempre existirão pontos de $\mathcal{F}'$ arbitrariamente longe do centro P_0 de inversão.

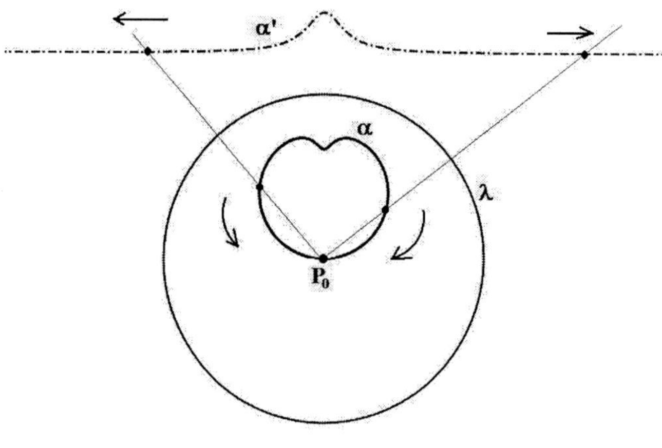

Figura 3.3: α está contida no exterior do círculo de inversão λ, e portanto α' está toda no interior de λ .

Na figura 3.3, temos uma curva α que passa pelo centro P_0 de inversão. Sua inversa α', portanto, é uma curva ilimitada. À medida em que um ponto de α se aproxima de P_0, seu inverso caminhará (ao longo de α') para "cada vez mais longe" de P_0, e essa distância pode vir a ser tão grande quanto desejarmos, desde que o ponto de α esteja suficientemente próximo de P_0.

Exemplo 3.1. *No exemplo da figura temos uma hipérbole, cujos vértices X e Y tangenciam o círculo de inversão. Esses pontos, então, são aqui seus próprios inversos. A figura pontilhada (chamada de* leminiscata*) é o inverso da hipérbole com respeito a essa circunferência. Observe que, quanto mais longe do centro de inversão P_0 estiver a hipérbole, mais próximo desse centro estará seu inverso, e reciprocamente.*

Exemplo 3.2. *Na figura, o círculo de inversão está centrado na origem do plano cartesisano. A figura em linha cheia foi invertida na figura em linha mais fina. De modo geral, uma figura limitada é sempre invertida em uma figura ilimitada, e vice-versa.*

3.2 Invertendo Retas

A partir de agora iremos tratar com a inversão no plano e chamaremos, a menos de menção contrária, de P_0 e de r o centro e o raio de inversão, respectivamente. A mesma notação será usada quando estendermos a inversão ao caso geral multidimensional, tratado na Parte 2 deste livro.

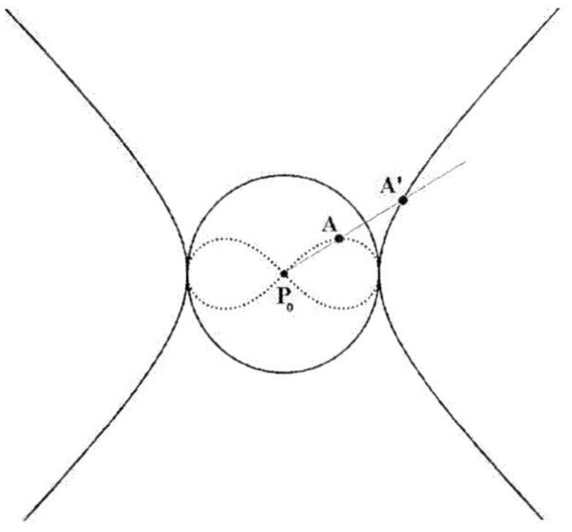

Figura 3.4: Inversão de uma hipérbole com respeito à circunferência que tangencia seus vértices.

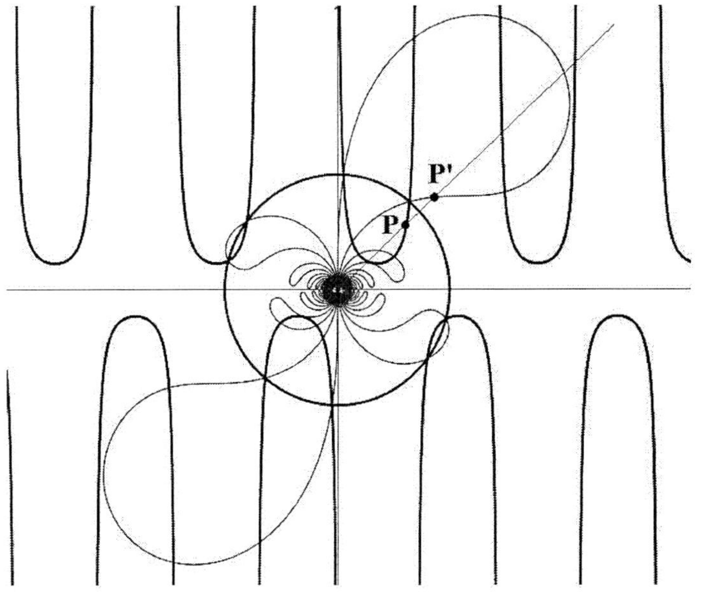

Figura 3.5: Para conhecimento, foi invertido o gráfico da função dada por $y = cossec(x)$, com respeito a um círculo de raio pouco maior que 4.

Consideremos primeiramente inverter uma reta s que passa pelo centro de inversão.

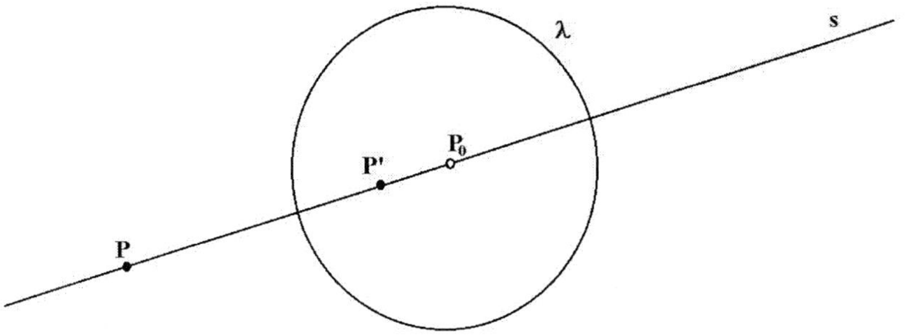

Figura 3.6: Inversão de uma reta que passa pelo centro de inversão.

Chamemos de s' o conjunto dos pontos que são os inversos de pontos de s (ver figura 3.6). Dado qualquer ponto P de s, distinto de P_0, seu inverso P' está, por definição, na semirreta $\overrightarrow{P_0P}$, que por sua vez está contida em s. Segue-se portanto que $P' \in s$. Observe-se que o que acabamos de fazer foi demonstrar que $s' \subset s$.

Por outro lado, dado qualquer $P \neq P_0$ em s, basta usarmos a relação $P = (P')'$ para concluirmos que P é inverso de algum ponto de s (a saber, de P'). Em outras palavras, $P \in s'$, o que nos mostra que todo ponto de s, *distinto de* P_0, está em s'.

Ora, sabemos que se tivermos ambas as inclusões $s' \subset s$ e $s \subset s'$ então teremos automaticamente a igualdade $s = s'$, algo até intuitivamente esperado. O problema é que essa última inclusão não está completamente estabelecida (o ponto P_0 não é inverso de ninguém, até onde sabemos).

Isso, porém, fica facilmente resolvido se procedermos como fizemos no capítulo anterior, e adicionarmos mais um ponto (um ponto Ω no infinito) ao conjunto dos pontos do plano a serem invertidos. Esse ponto Ω no infinito (que não está no plano) estará nesse novo conjunto estendido, que chamaremos de *plano inversivo* (o plano mais esse ponto). Considerando esse plano inversivo, assumiremos que Ω *está em todas as retas*. Em conexão com isso, declararmos que $P_0' = \Omega$ e que $\Omega' = P_0$. Veja que, desta forma, agora P_0 terá inverso, e a biunivocidade da correspondência ponto-inverso ainda será mantida.

Veja que com isso poderemos agora dizer que $s \subset s'$ pois $P_0 = (P_0')'$.

O que nos deixa estebelecidas as duas inclusões $s' \subset s$ e $s \subset s'$, e portanto a *igualdade* $s' = s$.

Desta forma, podemos dizer que

> O inverso de uma reta que passa pelo centro de inversão, é essa própria reta.

Ao declarar isso, os textos já assumem tacitamente que tudo se passa no plano inversivo, esse conjunto mais amplo.

Felizmente é possível (e muitíssimo esclarecedor) exibir um modelo do plano, no qual podemos visualizar esse ponto no infinito, e como ele pertenceria a todas as retas. O processo é idêntico àquele usado no capítulo anterior ao tangenciarmos uma circunferência no centro de inversão da reta (neste caso iremos tangenciar uma *esfera* no centro de inversão adotado no plano).

Entretanto, como mencionado anteriormente não iremos no momento fazer menção a planos inversivos (e a pontos no infinito), e ao longo deste e de mais alguns capítulos estaremos trabalhando no plano convencional. Para o caso de retas que passam pelo centro de inversão, por exemplo, basta nos lembrarmos de que esse centro não possui inverso, e nos permitirmos declarar que o inverso de uma reta que passa pelo centro de inversão é essa própria reta.

Para o que vem a seguir, vamos necessitar de um resultado clássico da geometria plana.

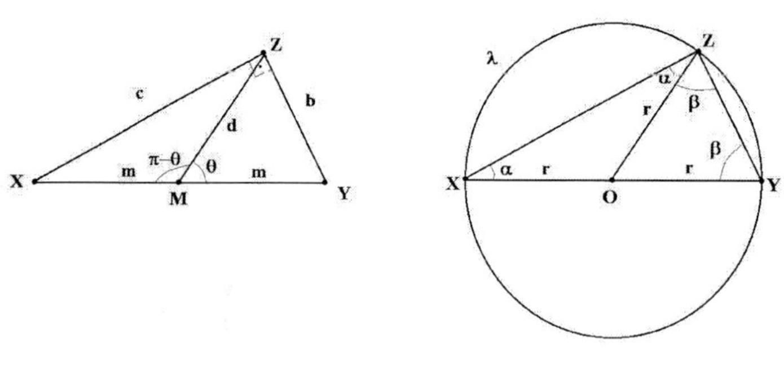

Figura 3.7: Z está sobre λ se, e somente se, $\widehat{XZY}$ é um ângulo reto.

Proposição 3.1. *Sejam dados dois pontos distintos X e Y. Um ponto Z, distinto de X e Y, está sobre a circunferência de diâmetro $\overline{XY}$ se, e somente se, $\widehat{XZY}$ é um ângulo reto.*

DEMONSTRAÇÃO:

Sejam dados dois pontos distintos X e Y. Seja Z um ponto do plano tal que $\widehat{XZY}$ seja um ângulo reto (figura 3.7).

Seja M o ponto médio de XY, e seja m a medida comum entre os segmentos $\overline{XM}$ e $\overline{MY}$. Seja ainda d a medida do segmento $\overline{MZ}$. Vamos provar que $d = m$, o que nos garantirá que Z está na circunferência de (centro M e) diâmetro $\overline{XY}$.

Seja θ a medida do ângulo $\widehat{YMZ}$. Então a medida do ângulo $\widehat{XMZ}$ será $\pi - \theta$.
Aplicando a Lei dos Cossenos nos triângulos YMZ obtemos

$$b^2 = m^2 + d^2 - 2.m.d.cos\ \theta.$$

No triângulo XMZ a Lei dos Cossenos nos fornecerá

$$\begin{aligned} c^2 &= m^2 + d^2 - 2.m.d.cos(\pi - \theta) \\ &= m^2 + d^2 + cos\ \theta. \end{aligned}$$

Adicionando membro a membro essas duas equações chegaremos a

$$b^2 + c^2 = 2m^2 + 2d^2 \tag{3.1}$$

mas, como por hipótese o triângulo XYZ é retângulo, o Teorema de Pitágoras nos fornece $b^2 + c^2 = 4m^2$.
Então, a relação (3.1) pode ser reescrita como $4m^2 = 2m^2 + 2d^2$, ou seja, como $m^2 = d^2$. Como as grandezas m e d são positivas (ambas representam comprimentos), teremos $m = d$.

Reciprocamente, seja λ a circunferência de diâmetro $\overline{XY}$. Seja O o centro de λ. Tomemos um ponto $Z \in \lambda$ distinto de X e de Y. Então $|\overline{OX}| = |\overline{OY}| = |\overline{OZ}|$. Essa medida comum r é, evidentemente, o raio de λ. Temos ainda dois triângulos isósceles: XOZ, de base $\overline{XZ}$ e YOZ, de base $\overline{YZ}$. Logo, temos as congruências $\widehat{OXZ} \equiv \widehat{OZX}$, e $\widehat{OYZ} \equiv \widehat{OZY}$. Sejam α a medida comum a $\widehat{OXZ}$ e $\widehat{OZX}$, e seja β a medida comum entre $\widehat{OYZ}$ e $\widehat{OZY}$.

Observando agora que a soma das medidas dos ângulos internos do triângulo XYZ é $2\alpha + 2\beta$, concluimos que $\alpha + \beta = \pi/2$. Mas $\alpha + \beta$ é precisamente a medida do ângulo do vértice Z do triângulo XYZ. O que conclui a demonstração.

✓

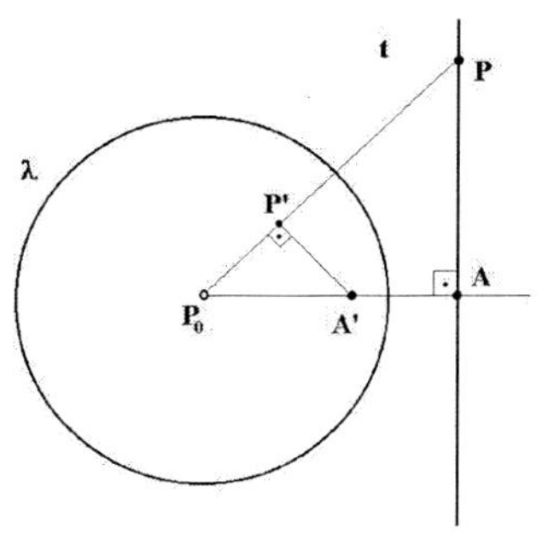

Figura 3.8: Obtendo a inversa da reta t.

Passemos agora a investigar o inverso de uma reta que NÃO passa pelo centro de inversão.

Seja λ a circunferência de centro P_0 e raio r a circunferência de inversão (ver figura 3.8) , e seja t uma reta que não passa por P_0.

Por P_0, tracemos uma perpendicular a t, que encontrará essa reta em um ponto A.

Tomemos um ponto qualquer $P \neq A$, em t.

Vamos observar agora que, de acordo com o que descobrimos na pág. 11, os triângulos P_0AP e $P_0P'A'$ são semelhantes.

Desta forma, como o triangulo P_0AP é retângulo em A, então o triângulo $P_0P'A'$ é retângulo em P'.

Pela Proposição 3.1, o ponto P' está na circunferência de diâmetro P_0A'. Chamaremos essa circunferência de μ.

Seja, por outro lado, Q um ponto qualquer de μ que não esteja nesse diâmetro.

Então (Proposição 3.1, mais uma vez) o ângulo $\widehat{P_0QA'}$ é reto.

Novamente devido ao que vimos na pág. 11, os triângulos P_0QA' e P_0AQ' são semelhantes, o que nos informa que o ângulo $\widehat{P_0AQ'}$ é reto em A.

Ou seja: que o ponto Q' está na reta t (aquela cuja projeção ortogonal sobre a reta P_0A' é o ponto A).

O que acabamos de estabelecer, portanto, foi o seguinte:

> O inverso de uma reta que não passa pelo centro de inversão, é uma circunferência que passa pelo centro de inversão.

Observe que, pela forma como escrevemos acima, estamos aparentemente incluindo o centro de inversão na circunferência $\mu = t'$. Porém, como já foi assinalado, isso não nos trará prejuízos mesmo que ainda não queiramos usar o plano inversivo, e é o que já estamos fazendo aqui.

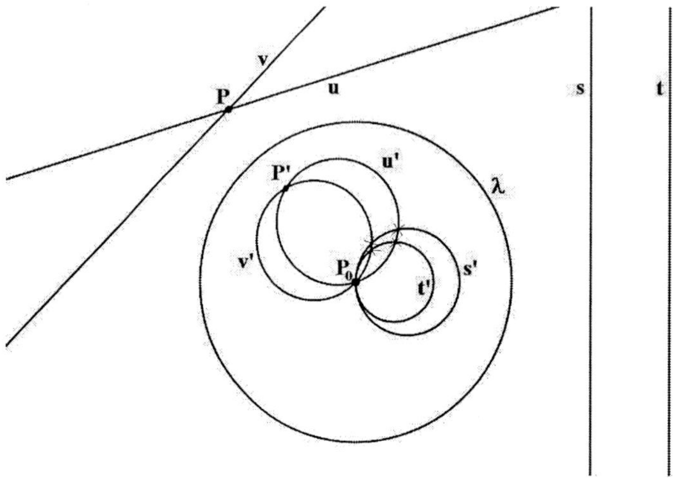

Figura 3.9: Invertendo as retas s, t, u e v.

Exemplo 3.3. *As retas s e t da figura 3.9 são paralelas. Como nenhuma das duas passa pelo centro de inversão (o centro de λ), então suas inversas s' e t' são circunferências que* passam *por esse centro.*

Podemos olhar para as retas s e t através de suas inversas s' e t', que possuem apenas *o ponto P_0 em comum... o que significa que s e t possuem em comum* apenas um ponto no infinito. *O que é uma outra maneira de se dizer que s e t são paralelas.*

As retas u e v, que se encontram em P (e também não passam pelo centro de inversão) são invertidas nas circunferências u' e v', que, além do ponto P_0, possuem mais um outro ponto em comum (o ponto P', inverso de P). Olhando apenas para essas inversas, podemos dizer que u e v não são paralelas, pois u' e v' possuem, além do centro de inversão, mais um outro ponto em comum.

Os pontos marcados com um "x" são os inversos das intersecções de u e v com s e t. Tais instersecções estão inacessíveis na figura, mas sabemos que elas existem (a figura já sugere que as retas u e v não são paralelas a s ou a t).

O que aconteceria se tentássemos inverter uma reta *tangente* ao círculo de inversão?

Basta nos lembrarmos de que uma tangente a uma circunferência é perpendicular ao raio[1] no ponto de contato. Assim sendo, se T é o ponto de tangência de uma reta t com o círculo de inversão λ, então a reta P_0T é perpendicular a t e teremos também $T \equiv T'$, e será suficiente nos lembrarmos de como procedemos com a inversão de retas que não passam pelo centro de inversão, para concluirmos que neste caso a inversa t' será a circunferência de diâmetro $\overline{P_0T}$.

E quando a reta t que não passa pelo centro de inversão for *secante* a λ (isto é, quando t e λ se encontrarem em dois pontos distintos)?

Suponhamos que t encontre λ em dois pontos A e B distintos. Observemos que tais pontos são seus próprios inversos, e portanto, estarão na inversa t', que já sabemos ser uma circunferência que passa por P_0.

Segue, então, que já conhecemos *três* dos pontos dessa circunferência t'. Esses pontos não são colineares (pois caso contrário a reta t estaria passando por P_0, o que não acontece, pois já foi tomada com a hipótese de que não passava por esse ponto.

Da geometria plana elementar sabemos que três pontos não colineares determinam uma única circunferência que passa por eles [2].

[1] Esse é um fato muito conhecido da geometria plana elementar.

[2] Uma das formas de se obter tal circunferência é construindo as mediatrizes de dois dos segmentos que esses três pontos

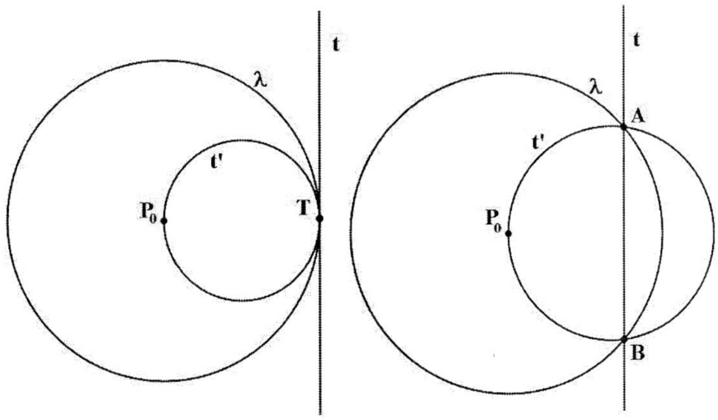

Figura 3.10: Construções simples das inversas de uma tangente e de uma secante.

Na figura 3.10 estão ilustradas as inversas de uma tangente e de uma secante à circunferência de inversão. A inversa de tangente é uma circunferência de diâmetro $\overline{P_0T}$, onde T é o ponto de tangência.

Para obtermos a inversa da secante, basta construirmos a circunferência que passa por P_0, A e B.

Observação 3.1. *Do que foi visto acima, bem como das propriedades da inversão, podemos inferir que a inversa de uma circunferência φ que passa pelo centro de inversão é uma reta que* não *passa pelo centro de inversão.*

E a direção de tal reta fica também determinada por essa circunferência pois, como vimos, para se obter a inversa de uma circunferência que passa pelo centro de inversão P_0 então por esse ponto e pelo centro C traçamos a reta s (ver figura 3.11) que, como sabemos, deverá ser perpendicular à reta φ' (a inversa da circunferência φ).

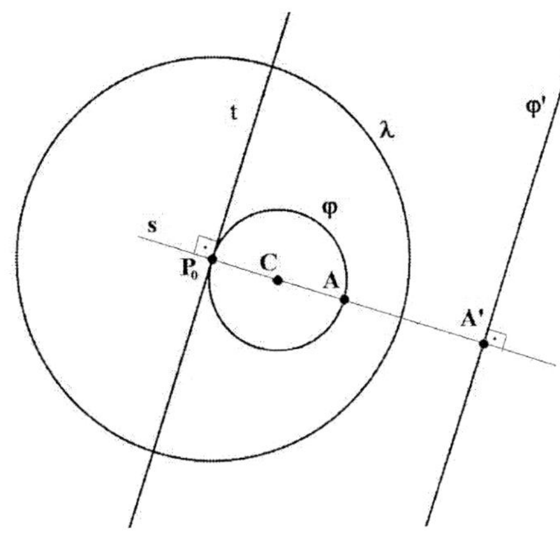

Figura 3.11: Inversão de uma circunferência que passa pelo centro de inversão. Para encontrarmos a inversa de φ, obtemos o ponto A, intersecção de φ com a reta $s = P_0C$. A inversa φ' é a reta que passa por A' e é perpendicular a s.

Ora, uma vez que a tangente a uma circunferência é perpendicular ao raio no ponto de contato, então a tangente t a φ em P_0 tem de ser perpendicular a $\overline{CP_0}$, que está contido em s.

Como ambas as retas t e φ' devem ser perpendiculares à mesma reta s, então elas têm de ser paralelas entre si.

Em suma,

determinam. Devido à não colinearidade, tais mediatrizes não são paralelas e portanto se encontram em um ponto Z, que é precisamente o centro dessa circunferência.

O inverso de uma reta circunferência φ que passa pelo centro de inversão P_0 é uma reta que não passa pelo centro de inversão. E tal reta é paralela à reta tangente a φ em P_0.

Vamos, a seguir, tratar da inversão de circunferências que *não* passam pelo centro de inversão.

3.3 Invertendo Círculos

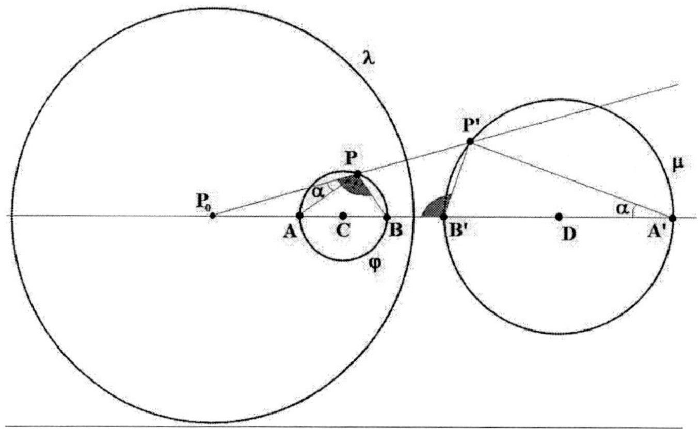

Figura 3.12: Inversão de uma circunferência que não passa pelo centro de inversão.

Seja λ uma circunferência de centro P_0 (e raio positivo qualquer), e seja φ uma circunferência que não passa pelo ponto P_0. Vamos procurar inverter φ com respeito a λ.

Seja C o centro de φ. A reta P_0C encontra φ em dois pontos A e B diametralmente opostos.

Tomemos um ponto qualquer $P \in \varphi$, distinto de A e de B (ver figuta 3.12).

Então o triângulo PAB é retângulo em P (por ser inscrito num semicírculo).

Sejam A' e B' os inversos de A e de B, respectivamente.

Sabemos que os triângulos P_0PA e $P_0A'P'$ são semelhantes (na ordem em que aparecem os vértices). Segue que os ângulos $\widehat{P_0PA}$ e $\widehat{P_0A'P'}$ são congruentes. Chamemos de α essa medida comum.

De maneira análoga os triângulos P_0PB e $P_0B'P'$ são semelhantes, o que significa que os ângulos $\widehat{P_0PB}$ e $\widehat{P_0B'P'}$ são congruentes.

Ou seja: a medida de $P_0B'P'$ é a mesma medida de $\widehat{P_0PB}$, que é precisamente $\alpha + \pi/2$.

Por outro lado, $P_0B'P'$ é um dos ângulos externos do triângulo $P'B'A'$. Da geometria euclidiana plana elementar, sabemos que a medida de um ângulo externo é a soma das medidas dos internos não adjacentes.

Segue-se, portanto, que a medida de $P_0B'P'$ (que já sabemos ser $\alpha + \pi/2$) é igual à soma das medidas de $P_0A'P'$ (que é α) e de $\widehat{A'P'B'}$.

Então a medida de $\widehat{A'P'B'}$ só pode ser $\pi/2$ (ou seja: o triângulo $P'B'A'$ é retângulo em P).

Mas isso, como sabemos, significa que P está na circunferência μ de diâmetro $\overline{B'A'}$ (Proposição 3.1, pág. 24) .

De maneira inteiramente análoga se mostra que os inversos dos pontos de μ estão em φ.

Concluimos então que $\mu = \varphi'$.

Podemos então afirmar que:

O inverso de uma circunferência que não passa pelo centro de inversão é também uma circunferência que não passa pelo centro de inversão.

Neste preciso momento é comum o surgimento de alguns equívocos e, portanto, se fazem necessárias algumas observações:

Observação 3.2. *O centro de μ **não é necessariamente o centro de** φ. De fato, sejam C e D os centros de φ e μ, respectivamente. Com a notação adotada na figura 3.12, observe que*

$$\begin{aligned} |\overline{P_0C}| &= |\overline{P_0A}| + \frac{1}{2}\left(|\overline{P_0B}| - |\overline{P_0A}|\right) \\ &= \frac{|\overline{P_0A}| + |\overline{P_0B}|}{2} \end{aligned}$$

e, analogamente,

$$|\overline{P_0D}| = \frac{|\overline{P_0B'}| + |\overline{P_0A'}|}{2}.$$

Por outro lado, como $|\overline{P_0B'}| = \frac{r^2}{|\overline{P_0B}|}$ e $|\overline{P_0A'}| = \frac{r^2}{|\overline{P_0A}|}$ (onde r^2 é a potência de inversão), então

$$\begin{aligned} |\overline{P_0D}| &= \frac{r^2}{2}\left(\frac{1}{|\overline{P_0B}|} + \frac{1}{|\overline{P_0A}|}\right) \\ &= \frac{r^2}{2}\left(\frac{|\overline{P_0A}| + |\overline{P_0B}|}{|\overline{P_0A}|.|\overline{P_0B}|}\right) \\ &= \left(\frac{r^2}{|\overline{P_0A}|.|\overline{P_0B}|}\right).\left(\frac{|\overline{P_0A}| + |\overline{P_0B}|}{2}\right) \\ &= \left(\frac{r^2}{|\overline{P_0A}|.|\overline{P_0B}|}\right).|\overline{P_0C}|. \end{aligned}$$

O que significa que para que C e D fossem inversos um do outro (isto é, para que $|\overline{P_0C}|.|\overline{P_0D}| = r^2$) deveríamos ter

$$|\overline{P_0C}|^2 = |\overline{P_0A}|.|\overline{P_0B}|,$$

o que só ocorreria em casos extremamente particulares.

Observação 3.3. ***O raio de μ não é necessariamente o inverso do raio de*** *φ. De fato, se r_φ e r_μ são os raios de φ e de μ respectivamente, então*

$$\begin{aligned} r_\mu &= \frac{|\overline{P_0A'}| - |\overline{P_0B'}|}{2} \\ &= \frac{1}{2}\left(\frac{r^2}{|\overline{P_0A}|} - \frac{r^2}{|\overline{P_0B}|}\right) \\ &= \frac{r^2}{|\overline{P_0A}|.|\overline{P_0B}|}\left(\frac{|\overline{P_0B}| - |\overline{P_0A}|}{2}\right) \\ &= \left(\frac{r^2}{|\overline{P_0A}|.|\overline{P_0B}|}\right).r_\varphi \end{aligned}$$

e assim r_φ e r_μ só seriam inversos um do outro se $r_\varphi^2 = |\overline{P_0A}|.|\overline{P_0B}|$, o que só acontece em casos particulares.

Observação 3.4. *As duas observações acima nos dizem que o centro e o raio de μ não são necessariamente os inversos do centro e do raio de φ. Entretanto, as expressões nelas obtidas também já nos fornecem onde está esse centro e qual a medida desse raio, em função do centro e do raio de φ.*

Exemplo 3.4. *No exemplo da figura o centro P_0 da circunferência de inversão λ é o ponto de encontro de duas retas s e t que serao portanto, cada uma delas, sua própria inversa. Essas retas estão tangenciando uma circunferência φ nos pontos A e B. Seus inversos A' e B' estão na inversa φ', que é uma circunferência que, assim como φ, não passa pelo centro de inversão.*

Como as retas s e t só tocam φ uma única vez, o mesmo acontecerá com suas inversas: também tocarão φ' uma única vez.

Exemplo 3.5. *Na figura a seguir, a circunferência λ de centro P_0 inverte um par de retas paralelas s e t que são tangentes a círculos, todos tangentes entre si.*

As figuras pontilhadas, aqui, representam as inversas das figuras "cheias". As retas s e t (que não passam por P_0) serão invertidas nas circunferências s' e t', ambas passando por P_0. Observe que, via inversão, as

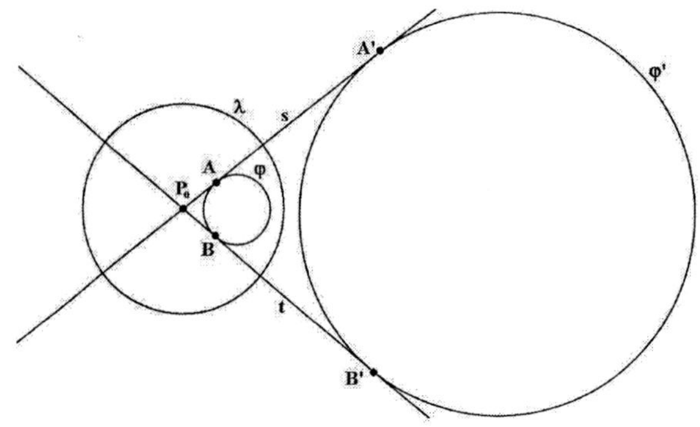

Figura 3.13: Inversão de duas retas que passam pelo centro, tangenciando uma circunferência que não passa pelo centro.

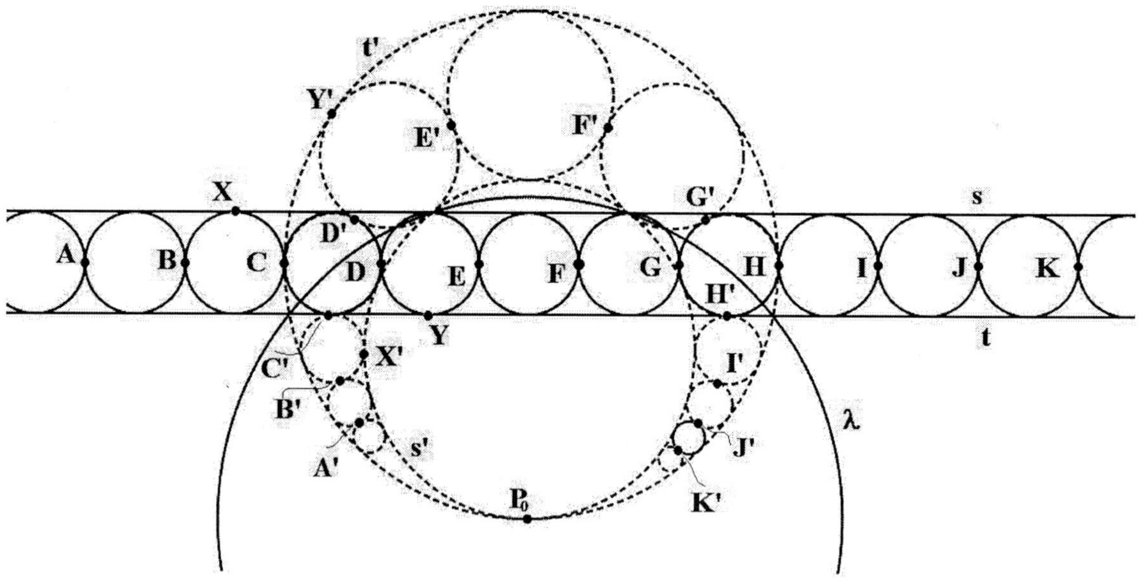

Figura 3.14: Invertendo uma cadeia de círculos e as paralelas que a envolvem.

tangências são todas mantidas. Inclusive aquelas tangências entre as circunferências e as retas (por exemplo, examine o que ocorre com os pontos X e Y).

Os pontos A, B, C, D, E, F, G, H, I, J e K são pontos de tangência entre as circunferências. Seus respectivos inversos estarão todos sobre uma outra circunferência (por que?).

3.4 Uma Relação entre Áreas

Neste capítulo estamos tratando dos inversos de algumas figuras. Já lidamos com as retas e com os círculos.

O inverso de um triângulo não será mais um triângulo, pelo menos não no sentido euclidiano. Isso ocorre porque triângulos são compostos por segmentos de retas, cujos inversos, pelo que vimos acima, não serão sempre retas (figura 3.15).

Podemos, no entanto, encontrar uma relação entre as áreas de um triângulo ABC e do triângulo $A'B'C'$ cujos vértices são os inversos de A, B e C. O triângulo $A'B'C'$ *não* é o inverso do triângulo ABC, porém suas áreas conservam entre si uma relação interessante.

Consideremos então a circunferência λ de centro O e raio R. É com respeito a ela que desejamos inverter os pontos A, B e C, cujos inversos denotaremos por A', B' e C', respectivamente.

Sejam ξ e ψ as circunferências dos círculos circunscritos a ABC e a $A'B'C'$ respectivamente.

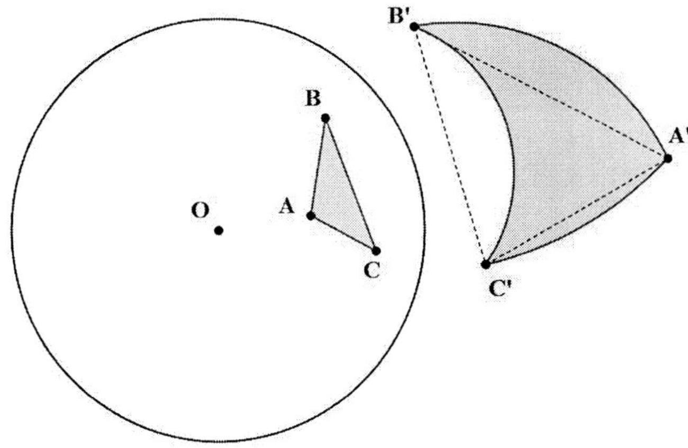

Figura 3.15: Em linha pontilhada, o triângulo $A'B'C'$. Preenchida em figura cheia, está a figura que seria o inverso do triângulo ABC.

Se r_ξ é o raio de ξ e r_ψ é o raio de ψ, então a observação 3.3 nos fornece

$$r_\psi = \left(\frac{R^2}{\mathcal{P}(O;\xi)}\right) r_\xi, \tag{3.2}$$

onde $\mathcal{P}(O;\xi)$ é a potência do ponto O com respeito à circunferência ξ.
Temos por outro lado que, da comparação entre segmentos, valem as relações

$$|\overline{A'B'}| = \frac{|\overline{AB}|.R^2}{|\overline{OA}|.|\overline{OB}|}, \quad |\overline{A'C'}| = \frac{|\overline{AC}|.R^2}{|\overline{OA}|.|\overline{OC}|} \quad \text{e} \quad |\overline{B'C'}| = \frac{|\overline{BC}|.R^2}{|\overline{OB}|.|\overline{OC}|}.$$

Neste momento, recordamos a importante relação da geometria euclidiana elementar, que associa os comprimentos a, b e c dos lados de um triângulo com seu circunraio R e com sua área S através de

$$abc = 4RS.$$

De posse dessa relação, podemos sucessivamente escrever

$$4r_\psi S_{A'B'C'} = |\overline{A'B'}|.|\overline{A'C'}|.|\overline{B'C'}| = \frac{R^6.|\overline{AB}|.|\overline{AC}|.|\overline{BC}|}{(|\overline{OA}|.|\overline{OB}|.|\overline{OC}|)^2} = \frac{R^6.4r_\xi S_{ABC}}{(|\overline{OA}|.|\overline{OB}|.|\overline{OC}|)^2}$$

onde S_{ABC} e $S_{A'B'C'}$ são as áreas dos triângulos ABC e $A'B'C'$, respectivamente.
Usando agora a relação (3.2), podemos obter então

$$S_{A'B'C'} = \left[\frac{R^4.\mathcal{P}(O;\xi)}{(|\overline{OA}|.|\overline{OB}|.|\overline{OC}|)^2}\right].S_{ABC}. \tag{3.3}$$

3.5 Invertendo Regiões

O conceito de inversão de regiões é de simples trato, e seu entendimento depende apenas da ideia de que pontos mais distantes do centro de inversão possuem inversos mais próximos, e vice-versa. Em conexão com isso é constantemente aplicado o fato de que pontos no interior do círculo de inversão são invertidos em pontos em seu exterior, e reciprocamente.

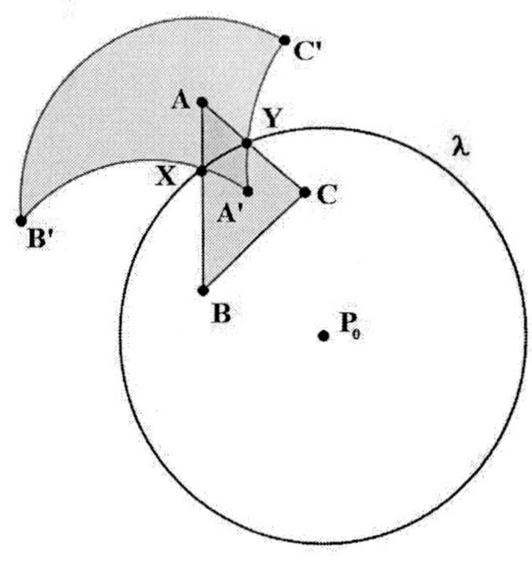

Figura 3.16: Invertendo um triângulo que atravessa o círculo de inversão.

Na figura 3.16, temos um triângulo ABC sendo invertido no "triângulo" $A'B'C'$. No caso da figura, os três lados do triângulo ABC (segmentos de retas que não passam pelo centro de inversão P_0), são invertidos em arcos de circunferências que passam por esse centro. Observe que os pontos X e Y, pertencentes ao bordo do círculo de inversão (ou seja, à circunferência de inversão), são cada um deles invertido em si mesmo.

O motivo pelo qual batizamos $A'B'C'$ de "triângulo" não é assim tão sem sentido, e na verdade poderá ser planamente justificável mais tarde.

Exemplo 3.6. *Consideremos duas retas paralelas s e t, que não passam pelo centro de inversão. Suas inversas s' e t' (circunferências) se encontram apenas no centro de inversão (o que, em outras palavras, se traduz dizendo que s e t se encontram no infinito).*

A região hachurada (que contém B) é invertida na região hachurada entre s' e t'.

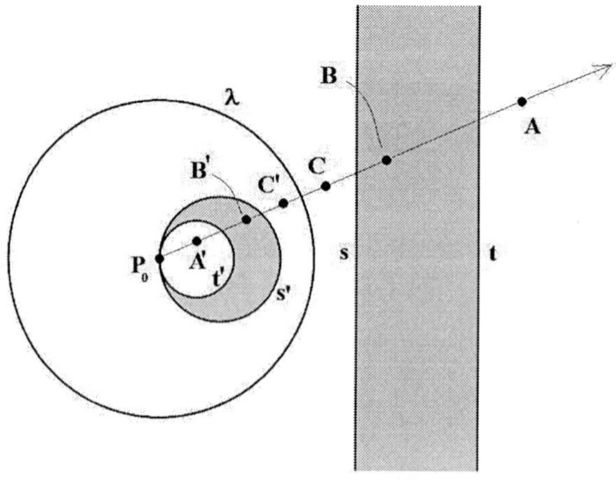

Figura 3.17: Invertendo uma região entre duas paralelas.

Exemplo 3.7. *Neste exemplo vemos uma malha quadriculada exterior ao círculo de inversão. Todos os segmentos de reta da malha, que aqui pertencem a retas que não passam pelo centro de inversão, são invertidos em arcos de circunferências que não passam pelo centro de inversão.*

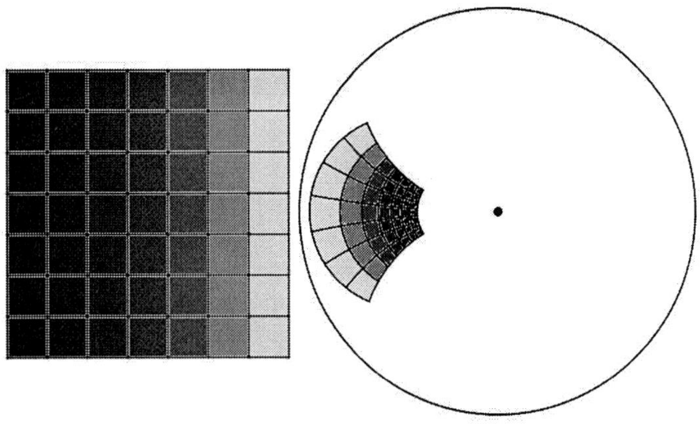

Figura 3.18: Invertendo uma malha exterior ao círculo de inversão.

3.6 Aplicações

Vamos agora ilustrar alguns resultados e problemas que, mediante o uso da inversão geométrica, ficam eventualmente mais simples e elegantemente provados ou resolvidos.

Vamos começar introduzindo o conceito elementar de *divisão harmônica de um segmento* - algo que, além de sua importância histórica, tem belas aplicações na geometria.

Seja $\overline{AB}$ um segmento de comprimento qualquer $\ell > 0$, e seja $k > 0$ um número fixo a priori, que seja diferente de 1.

Deseja-se saber se existem dois pontos M e N, na reta AB, tais que

$$\frac{|\overline{AM}|}{|\overline{BM}|} = k = \frac{|\overline{AN}|}{|\overline{BN}|}. \tag{3.4}$$

Vamos primeiro raciocinar para um $k > 1$.

Note que nesse caso devemos ter um dos pontos (M, digamos) entre A e B e o outro fora desse segmento (neste caso, B entre A e N - ver figura 3.19).

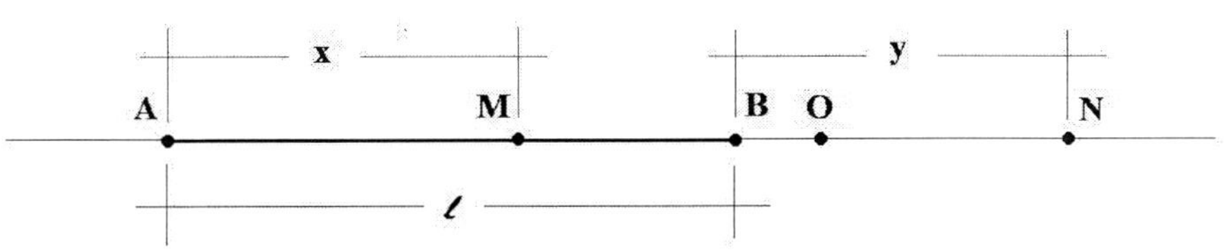

Figura 3.19: Configuração para $k > 1$. x e y estão aqui denotando as distâncias de A a M e de B a N, respectivamente.

Com a notação da figura 3.19 devemos ter

$$\frac{x}{\ell - x} = k = \frac{\ell + y}{y}$$

o que nos dará

$$x = \frac{k\ell}{k+1} \quad \text{e} \quad y = \frac{\ell}{k-1}. \tag{3.5}$$

O simples fato de termos encontrado expressões para x e y já nos garante a existência de tais pontos M e N. Por exemplo, para $\ell = 3$ e $k = 2$ teremos o ponto M entre A e B, a duas unidades de A, e o ponto N a 6 unidades de A, com B entre A e N.

Diremos que o segmento $\overline{AB}$ foi *dividido harmonicamente* por M e N (chamados de *conjugados harmônicos*) segundo a razão k.

Vamos encontrar algumas distâncias importantes nessa divisão.

Para encontrarmos a distância entre A e N bastará observarmos que neste caso

$$|\overline{AN}| = \ell + y$$

o que nos dá

$$|\overline{AN}| = \frac{k\ell}{k-1}. \tag{3.6}$$

Então a distância $|\overline{MN}| = |\overline{AN}| - |\overline{AM}| = |\overline{AN}| - x$ será dada por

$$|\overline{MN}| = \frac{2k\ell}{k^2-1}. \tag{3.7}$$

Seja O o ponto médio de $\overline{MN}$ (figura 3.19). Então

$$|\overline{OM}| = |\overline{ON}| = \frac{k\ell}{k^2-1}. \tag{3.8}$$

Além disso

$$\begin{aligned} |\overline{AO}| &= x + |\overline{OM}| \\ &= \frac{k^2\ell}{k^2-1} \end{aligned}$$

que é maior que ℓ, pois $\frac{k^2}{k^2-1} > 1$.

Logo, o ponto B está entre A e O.

Observemos agora que (ver figura 3.19)

$$\begin{aligned} |\overline{OB}|.|\overline{OA}| &= (y - |\overline{ON}|).|\overline{OA}| \\ &= \left(\frac{\ell}{k-1} - \frac{k\ell}{k^2-1}\right).\left(\frac{k^2\ell}{k^2-1}\right) \\ &= \left(\frac{\ell}{k^2-1}\right).\left(\frac{k^2\ell}{k^2-1}\right) \\ &= \left(\frac{k\ell}{k^2-1}\right)^2 \end{aligned}$$

e devido à relação (3.8) isso nos diz que

$$|\overline{OB}|.|\overline{OA}| = |\overline{OM}|^2 = |\overline{ON}|^2. \tag{3.9}$$

Observemos que isso significa que os pontos A e B são inversos um do outro com respeito à circunferência de centro O e diâmetro $\overline{MN}$.

O leitor é convidado agora a avaliar a situação em que $0 < k < 1$ e verificar que nesse caso o ponto A estará entre M e B e o ponto N estará no interior de $|\overline{AB}|$. Usando a mesma notação e as mesmas ideias do caso $k > 1$, desta vez iremos encontrar

$$x = \frac{k\ell}{1-k} \quad \text{e} \quad y = \frac{\ell}{1+k}$$

(observe que x de fato é positivo pois agora $k < 1$), e essas relações nos mostrarão que a distância $|\overline{MN}|$ entre os conjugados harmônicos é

$$|\overline{MN}| = \frac{2k\ell}{1-k^2}.$$

Combinando isso com a relação (3.7) obtida quando $k > 1$, podemos unificar a expressão para a distância $|\overline{MN}|$ escrevendo

$$|MN| = \frac{2k\ell}{|k^2-1|}.$$

Teremos ainda que o ponto médio O de $\overline{MN}$ será tal que A está entre O e B (de forma não rigorosa, A e B estariam "à direita" de O) e também

$$|OA|.|OB| = \left(\frac{k\ell}{1-k^2}\right)^2$$

novamente garantindo que A e B são inversos um do outro com respeito à circunferência de centro O e diâmetro $\overline{MN}$.

Podemos, em suma, afirmar:

Proposição 3.2. *Dados um segmento $\overline{AB}$ e uma razão $0 < k \neq 1$, existem dois pontos M e N (chamados conjugados harmônicos) na reta AB tais que*

$$\frac{|\overline{AM}|}{|\overline{BM}|} = k = \frac{|\overline{AN}|}{|\overline{BN}|}$$

(a divisão harmônica).

Os pontos A e B serão inversos um do outro com respeito à circunferência de diâmetro $\overline{MN}$.

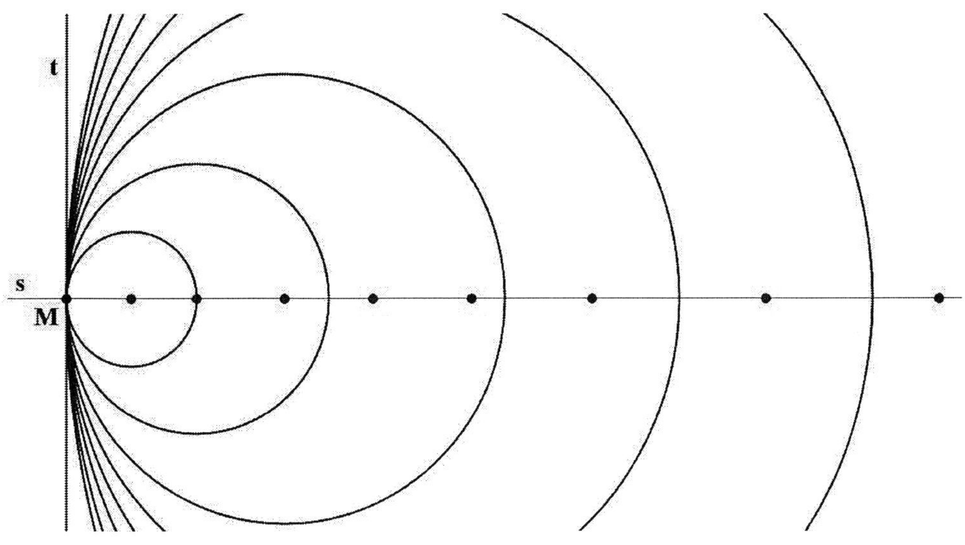

Figura 3.20: A reta t, como o caso limite de circunferências com raios cada vez maiores, todas elas passando pelo mesmo ponto M. À medida em que os centros ao longo da reta s estão mais longe do ponto A, as curvaturas das respectivas circunferências ficam cada vez menores - e na situação limite a curvatura será nula, ou seja, teremos uma reta t. A perpendicularidade entre t e s tem a ver com o fato de que em todos os estágios, as circunferências têm a mesma tangente t no ponto M.

Observação 3.5. *E o que aconteceria para $k = 1$? Felizmente podemos prever e até enxergar isso. É possível fazermos uso das relações que nos fornecem x e y em qualquer dos dois casos acima mencionados ($k > 1$ ou $0 < k < 1$). Tomando por exemplo as relações (3.5), vemos que não há problema em substituir k por 1 em uma delas, quando então veremos que um dos pontos distará $\frac{\ell}{2}$ dos extremos do segmento $\overline{AB}$.*

Quanto ao outro ponto, o que irá acontecer é que, ao passo que o valor de k se aproxima de 1, ele ficará cada vez mais distante dos pontos do segmento $\overline{AB}$, ultrapassando qualquer distância que possamos imaginar, desde que tomemos k suficientemente próximo de 1.

Intuitivamente, poderíamos aqui dizer que o outro ponto tende *ao infinito.*

Então um dos conjugados harmônicos seria o ponto médio de $\overline{AB}$ e o outro "estaria no infinito"... e, portanto, o ponto médio O de um tal segmento $\overline{MN}$ também estaria no infinito. O que poderia ser também esperado por intermédio de um exame na relação unificada

$$|OM| = |ON| = \frac{k\ell}{|k^2 - 1|} \tag{3.10}$$

que fornece, em todo caso, as distâncias de O aos extremos de $\overline{MN}$.

O que seria, então, a "circunferência de centro O e diâmetro $\overline{MN}$"?

Ora, seria uma reta (figura 3.20)! Uma reta que passa por um dos conjugados harmônicos!

As retas são, na geometria euclidiana, justamente as situações limite de circunferências com centro no infinito!

Muito embora não seja aqui o momento de tratarmos com limites - estamos simplesmente evocando um raciocínio intuitivo - não poderíamos mesmo esperar muita coisa diferente disso. Lembremo-nos de que o conjunto dos pontos equidistantes de A e de B (ou seja, o conjunto dos pontos P, do plano, tais que $\frac{|PA|}{|PB|} = 1$) é a mediatriz *desse segmento - a reta que passa pelo ponto médio desse segmento e é perpendicular a ele. É essa reta que é o caso limite das circunferências que passam pelo ponto médio de $\overline{AB}$ e cujos centros, na reta AB, se afastam cada vez mais desse ponto médio (em outras palavras, raio tendendo ao infinito).*

Caso indagássemos acerca da possibilidade de termos $k = 0$, a relação

$$\frac{|\overline{AM}|}{|\overline{AN}|} = k = \frac{|\overline{BM}|}{|\overline{BN}|}$$

nos diria que $|AM| = |BM| = 0$ (e, portanto, que M coincidiria com A e com B, isto é, eles seriam o mesmo ponto). Mas isto não é possível, pois estamos considerando um segmento $\overline{AB}$ de comprimento $\ell > 0$.

Observação 3.6. *Será útil para aplicações futuras lembrarmos aqui de que são mantidas as características da divisão de um segmento quando ele é projetado sobre outro segmento.*

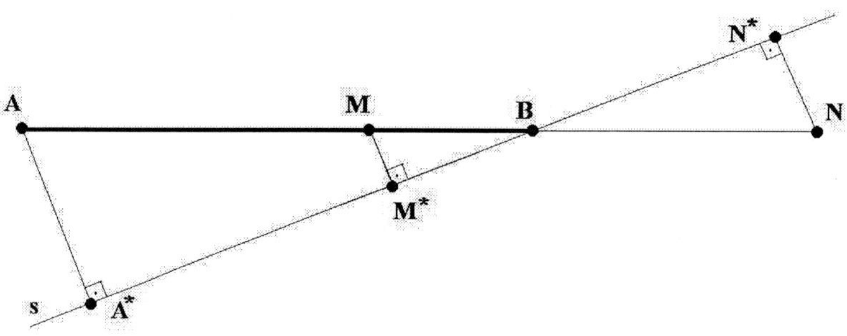

Figura 3.21: O segmento $\overline{AB}$ foi dividido harmonicamente por dois pontos M e N, segundo certa razão k. Ao projetarmos os pontos da reta AB sobre a reta s, as projeções também seguirão a divisão harmônica no segmento correspondente em s.

Por exemplo, se o segmento $\overline{AB}$ foi dividido harmonicamente por dois pontos M e N, e s é qualquer reta secante a AB passando (por exemplo) pelo ponto B, então as projeções A^*, M^* e N^*, respectivamente, de A, M e N sobre s, seguirão também a divisão harmônica no segmento $\overline{A^*B}$. Isto é: se $\frac{|\overline{AM}|}{|\overline{BM}|} = \frac{|\overline{AN}|}{|\overline{BN}|}$, então (ver figura 3.21)

$$\frac{|\overline{A^*M^*}|}{|\overline{BM^*}|} = \frac{|\overline{A^*N^*}|}{|\overline{BN^*}|}.$$

Iso se deve ao famoso Teorema de Tales*:*

> *Quando duas retas são transversais a um feixe de paralelas, então a razão entre dois segmentos quaisquer em uma delas é igual à razão entre os respectivos segmentos correspondentes na outra.*

Observe que, na presente situação, o ponto B é sua própria projeção B^*.

Observação 3.7. *Com base na observação 3.5, vimos que podemos incluir o valor 1 no conjunto dos possíveis valores para a razão k - e com isso acabamos estendendo a situação inicial. Não apenas por termos mencionado situação limite e o infinito, mas por termos considerado possibilidade de pontos P do plano, tais que*

$$\frac{|PA|}{|PB|} = k$$

(com $k = 1$) em que P não necessariamente estaria no segmento $\overline{AB}$, como seria o caso do ponto médio.

Neste momento, iremos estender mais essa ideia e visitar um raciocínio geométrico historicamente importante, oriundo de uma simples, porém, elegante indagação:

> *Dados um segmento $\overline{AB}$ de comprimento ℓ e uma razão $k > 0$, o que seria o conjunto de todos os pontos P do plano, tais que*
> $$\frac{|PA|}{|PB|} = k?$$

Antes de mais nada, recordemo-nos de que para $k = 1$ já sabemos a solução, muito conhecida inclusive no Ensino Fundamental - o conjunto mencionado será a reta mediatriz do segmento $\overline{AB}$. Vamos tratar então do caso geral $k \neq 1$.

Vamos à investigação.

3.6.1 O Círculo de Apolônio

Sejam $\overline{AB}$ um segmento de comprimento ℓ, e k uma constante positiva diferente de 1. Solicita-se encontrar o conjunto dos pontos P do plano, tais que

$$\frac{|\overline{PA}|}{|\overline{PB}|} = k. \tag{3.11}$$

Seja P um tal ponto. Procedamos a uma inversão com centro A e raio $r > 0$ qualquer. Se P' e B' são os inversos de P e B respectivamente, seja φ a circunferência de centro B' e raio $\overline{B'P'}$, cuja medida iremos aqui denotar por r_φ (figura 3.22).

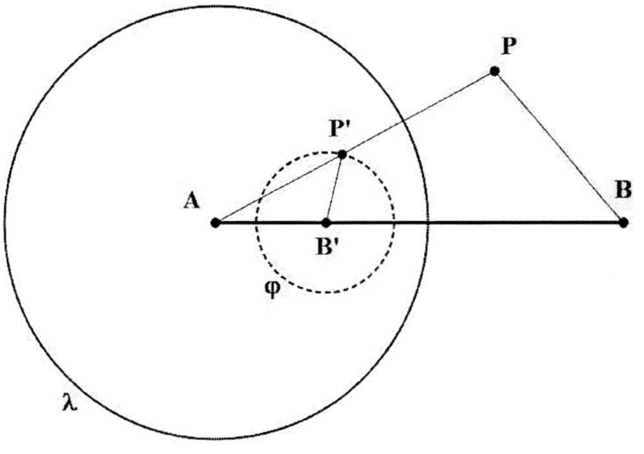

Figura 3.22: λ é a circunferência de inversão. P é um ponto que satisfaz $\frac{|PA|}{|PB|} = k$, e o raio de λ é qualquer valor $r > 0$.

Da seção de comparação entre segmentos (pág. 11) podemos afirmar que

$$|\overline{B'P'}| = \left(\frac{r^2}{|\overline{AB}|.|\overline{AP}|}\right).|\overline{BP}|$$

e como $|\overline{AB}| = \ell$ e $\frac{|\overline{AP}|}{|\overline{BP}|} = k$ então o raio r_φ de φ será dado por

$$r_\varphi = |\overline{B'P'}| = \frac{r^2}{k\ell}. \tag{3.12}$$

A circunferência φ não passa pelo centro de inversão A. De fato, para que tal acontecesse deveríamos ter $|\overline{AB'}| = r_\varphi$, ou seja, $\frac{r^2}{|\overline{AB}|} = \frac{r^2}{k\ell}$. Como $|\overline{AB}| = \ell$ teríamos necessariamente $k = 1$, o que não é o caso aqui tratado.

Então a inversa φ' de φ é também uma circunferência que não passa pelo ponto A.

Afirmamos que se Q é um ponto que satisfaz a relação $\frac{|\overline{QA}|}{|\overline{QB}|} = k$ então Q está na circunferência φ'.

De fato, se $\frac{|\overline{QA}|}{|\overline{QB}|} = k$ então $|\overline{QB}| = \frac{|\overline{QA}|}{k}$ e, portanto,

$$\begin{aligned} |\overline{Q'B'}| &= \frac{r^2}{|\overline{AQ}|.|\overline{AB}|}.|\overline{QB}| \\ &= \frac{r^2}{|\overline{AQ}|.|\overline{AB}|}.\frac{|\overline{AQ}|}{k} \\ &= \frac{r^2}{k\ell} \\ &= r_\varphi. \end{aligned}$$

Ou seja: se Q satisfaz a condição $\frac{|\overline{QA}|}{|\overline{QB}|} = k$ então seu inverso Q' está em φ (pois $|\overline{Q'B'}| = r_\varphi$) e, portanto, $Q = (Q')' \in \varphi'$.

Por outro lado, todo ponto Q que estiver em φ' também satisfará a condição $\frac{|\overline{QA}|}{|\overline{QB}|} = k$.

De fato, se $Q \in \varphi'$ então $Q' \in \varphi$ e, portanto, $|\overline{Q'B'}| = r_\varphi$.

Segue, então, que

$$\begin{aligned} |\overline{QB}| &= \left(\frac{r^2}{|\overline{AQ'}|.|\overline{AB'}|}\right)|\overline{Q'B'}| \\ |\overline{QB}|.|\overline{AQ'}| &= \frac{r^2}{|\overline{AB'}|}r_\varphi \\ |\overline{QB}|.\frac{r^2}{|\overline{AQ}|} &= \frac{r^2}{|\overline{AB'}|}r_\varphi \\ \frac{|\overline{QB}|}{|\overline{AQ}|} &= \frac{r_\varphi}{|\overline{AB'}|} \\ \frac{|\overline{QB}|}{|\overline{AQ}|} &= \frac{r^2/k\ell}{r^2/\ell} \\ \frac{|\overline{QB}|}{|\overline{AQ}|} &= \frac{1}{k} \\ \frac{|\overline{QA}|}{|\overline{QB}|} &= k. \end{aligned}$$

Assim sendo, um ponto satisfaz a relação (3.11) se, e somente se, ele pertence à circunferência φ', inversa de φ.

Vamos usar as relações (3.2) e (3.3) (pág. 29) que relacionam os elementos de uma circunferência com os de sua inversa. Desejamos comparar o centro B' e o raio r_φ de φ com o centro X e o raio s de φ'. Vamos começar relacionando os raios.

À luz da notação que estamos usando, teremos (ver figura 3.23)

$$s = \left(\frac{r^2}{(|AB'| - r_\varphi^2).(|AB'| + r_\varphi^2)}\right).r_\varphi$$

o que nos dá

$$s = \frac{k\ell}{|k^2 - 1|}, \tag{3.13}$$

o que significa que o raio s de φ' **não** depende do raio r de inversão, mas tão somente das condições iniciais do problema - do comprimento ℓ de $|\overline{AB}|$ e da razão k previamente dada. O módulo aqui é evidente, uma vez que s é um comprimento e valores $k < 1$ nos forneceriam denominador negativo. Comparar com a relação unificada (3.10), na observação 3.5 (pág. 35).

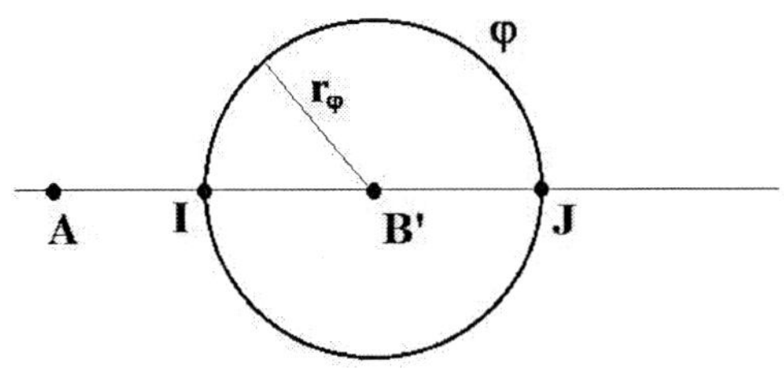

Figura 3.23: Se I e J são as intersecções de φ com a reta AB, então $|\overline{AI}|.|\overline{AJ}| = (|\overline{AI}| - r_\varphi).(|\overline{AI}| + r_\varphi)$.

Agora relacionando os centros B' e X, de φ e φ' respectivamente, vemos que à luz da presente notação a relação (3.2) nos fornece

$$|\overline{AX}| = \left(\frac{r^2}{(|AB'| - r_\varphi^2).(|AB'| + r_\varphi^2)}\right)|\overline{AB'}|$$

e então

$$|\overline{AX}| = \frac{k^2\ell}{|k^2-1|}. \quad (3.14)$$

Mas isto significa que o centro de φ' **também** não depende do raio r de inversão, mas apenas das condições iniciais do problema.

Segue que a circunferência φ' é **fixa** (centro e raio fixos), muito embora φ não seja fixa (veja que o centro e o raio de φ dependem ambos da potência de inversão r^2 escolhida).

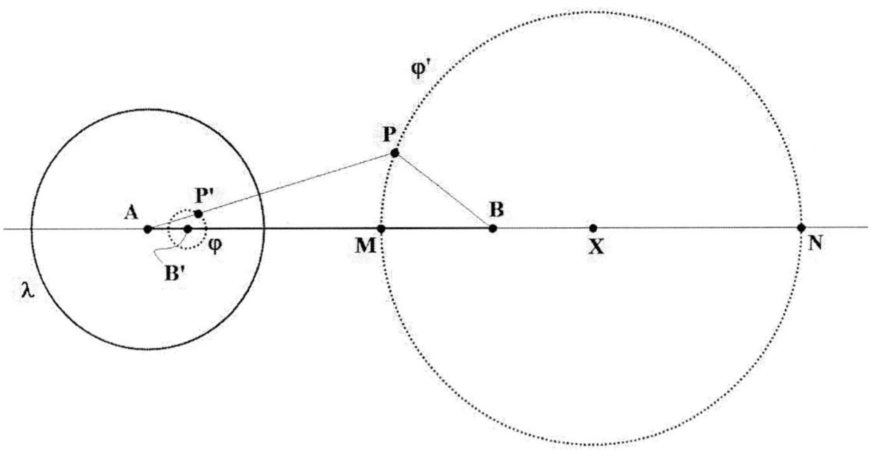

Figura 3.24: φ' é a circunferência de Apolônio do segmento $\overline{AB}$ segundo a razão k. Ela é inversa da circunferência φ de centro B' e raio $r_\varphi = |\overline{B'P'}|$. Os pontos M e N são conjugados harmônicos relativos ao segmento $\overline{AB}$, segundo a razão k.

A circunferência φ é chamada de *circunferência de Apolônio* relativa à razão k no segmento $\overline{AB}$.

Uma vez que φ é o lugar geométrico dos pontos P que satisfazem a relação (3.11), então suas duas intersecções M e N com a reta AB também satisfazem essa relação, ou seja,

$$\frac{|\overline{AM}|}{|\overline{BM}|} = k = \frac{|\overline{AN}|}{|\overline{BN}|}.$$

Mas isto, como vimos no início desta seção, nos informa que o segmento AB *foi dividido harmonicamente por intermédio de M e N*, segundo a razão k.

Pela Proposição 3.2, os pontos A e B são inversos um do outro com respeito à circunferência de Apolônio.

Em suma, podemos afirmar o seguinte:

Proposição 3.3. *Dados um segmento $\overline{AB}$ de comprimento $\ell > 0$ e uma constante $k > 0$, o conjunto dos pontos P do plano, tais que*

$$\frac{|\overline{PA}|}{|\overline{PB}|} = k$$

é:

- *uma circunferência, com respeito a qual os pontos A e B são inversos um do outro, se $k \neq 1$, e*
- *a mediatriz desse segmento, se $k = 1$.*

3.6.2 Teorema de Ptolomeu

O Teorema de Ptolomeu[3] é um resultado da geometria euclidiana plana que, da forma como apresentado na maioria dos textos de ensino fundamental e médio, afirma que num quadrilátero inscritível a soma dos produtos dos lados opostos é igual ao produto das diagonais. Mais especificamente,

Teorema de Ptolomeu

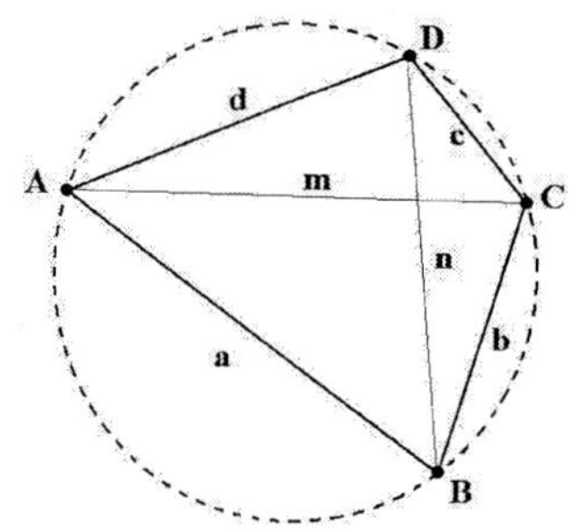

Figura 3.25: Quadrilátero inscritível.

Seja $ABCD$ um quadrilátero convexo cujas medidas dos lados são $|\overline{AB}| = a$, $|\overline{BC}| = b$, $|\overline{CD}| = c$ e $|\overline{DA}| = d$, e cujas medidas das diagonais são $|\overline{AC}| = m$ e $|\overline{BD}| = n$. Se $ABCD$ inscritível, então

$$ac + bd = mn.$$

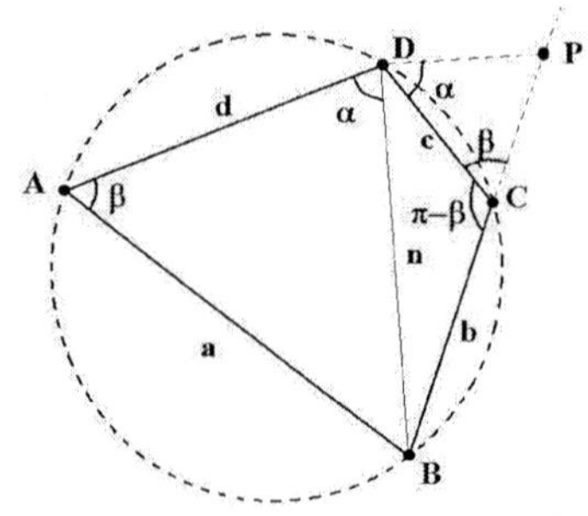

Figura 3.26: Teorema de Ptolomeu.

[3]Cláudio Ptolomeu (c. 90-168 D.C.), cientista grego que viveu em Alexandria, no Egito. Um dos mais importantes precursores do estudo da trigonometria. Autor do famoso *Almagesto*, obra que versa sobre astronomia, geometria e trigonometria e que ajudou a moldar a civilização ocidental. Importante aqui não confundir esse Ptolomeu com os representantes da dinastia fundada por *Ptolomeu Sóter* (também em Alexandria), general de Alexandre, o Grande, que em aproximadamente 330 anos teve 16 líderes com esse mesmo nome.

Construamos um ponto P na semirreta $\overrightarrow{BC}$ (com C entre B e P) tal que $\widehat{PDC} = \widehat{BDA}$ (seja α a medida desse ângulo comum). Observemos que, por ser $ABCD$ um quadrilátero inscritível, os ângulos $\widehat{BAD}$ (cuja medida denotaremos por β) e $\widehat{BCD}$ são suplementares. Segue daí que os triângulos DAB e DCP são semelhantes (critério ângulo-ângulo). Por conseguinte

$$\frac{|\overline{AD}|}{|\overline{CD}|} = \frac{|\overline{AB}|}{|\overline{CP}|}.$$

e, portanto,

$$|\overline{CP}| = \frac{|\overline{AB}|.|\overline{CD}|}{|\overline{AD}|}. \tag{3.15}$$

Observe-se agora que $\widehat{ADC} \equiv \widehat{BDP}$ e que $\widehat{DAC} \equiv \widehat{DBC}$ (ângulos inscritos correspondentes ao mesmo arco). Novamente pelo critério ângulo-ângulo, concluimos que os triângulos DAC e DBP são semelhantes. Em particular

$$\frac{|\overline{AD}|}{|\overline{BD}|} = \frac{|\overline{AC}|}{|\overline{BP}|}$$

e, então,

$$|\overline{BP}| = \frac{|\overline{AC}|.|\overline{BD}|}{|\overline{AD}|}. \tag{3.16}$$

Como $|\overline{BP}| = |\overline{BC}| + |\overline{CP}|$, vem de (3.15) e (3.16) que

$$\frac{|\overline{AC}|.|\overline{BD}|}{|\overline{AD}|} = |\overline{BC}| + \frac{|\overline{AB}|.|\overline{CD}|}{|\overline{AD}|}.$$

Multiplicando-se toda essa equação por $|\overline{AD}|$, chega-se à expressão da tese.

Essa demonstração é simples, pertencente ao escopo da matemática elementar, e algumas ligeiras variações dela são encontradas nos livros de ensino fundamental ou médio.

O estudo das inversões geométricas possibilita provar elegantemente alguns resultados, por vezes generalizando-os, como será o caso.

Proposição 3.4. *(**Teorema de Ptolomeu**) Sejam A, B, C e D quatro pontos quaisquer do plano. Então vale a relação*

$$|\overline{AB}|.|\overline{CD}| + |\overline{AD}|.|\overline{BC}| \geq |\overline{AC}|.|\overline{BD}|, \tag{3.17}$$

com igualdade se, e somente se, A, B, C e D estão, nesta ordem, em uma mesma circunferência ou em uma mesma linha reta.

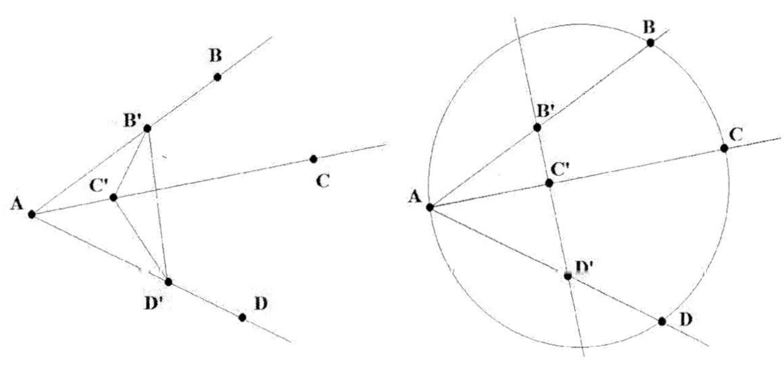

Figura 3.27: $ABCD$ será cíclico quando B', C' e D' forem colineares.

Se A, B, C e D estão, nesta ordem, em uma mesma linha reta, então a igualdade é óbvia. Suponhamos então não ser esse o caso. Considerando (por exemplo) a inversão de centro A (e potência qualquer), sejam B', C' e D' os inversos de B, C e D respectivamente. A desigualdade triangular nos fornece o simples fato de que

$|\overline{B'C'}| + |\overline{C'D'}| \geq |\overline{B'D'}|$, a menos que esses pontos estejam alinhados, com C' entre B' e D'. A comparação entre segmentos (ver relação (1.3), pág. 11) nos fornece então

$$\frac{|\overline{BC}|}{|\overline{AB}|.|\overline{AC}|} + \frac{|\overline{CD}|}{|\overline{AC}|.|\overline{AD}|} \geq \frac{|\overline{BD}|}{|\overline{AB}|.|\overline{AD}|}$$

o que leva a $|\overline{AB}|.|\overline{CD}| + |\overline{AD}|.|\overline{BC}| \geq |\overline{AC}|.|\overline{BD}|$, com igualdade se, e somente se, B', C' e D' estiverem alinhados, com C' entre B' e D', o que como sabemos significaria dizer que A, B, C e D são concíclicos.

Na notação com que apresentamos acima esse teorema em sua versão mais simples, isso se escreveria como

> Seja $ABCD$ um quadrilátero convexo cujas medidas dos lados são $|\overline{AB}| = a$, $|\overline{BC}| = b$, $|\overline{CD}| = c$ e $|\overline{DA}| = d$, e cujas medidas das diagonais são $|\overline{AC}| = m$ e $|\overline{BD}| = n$. Então
>
> $$ac + bd \geq mn,$$
>
> com igualdade se, e somente se, $ABCD$ for inscritível.

3.6.3 Ponto de Miquel

> Seja ABC um triângulo qualquer. Tome-se D, E e F sobre as retas suporte dos lados BC, AC e AB, respectivamente (a única exigência é que nenhum desses pontos coincida com um vértice). Se λ_{XYZ} denota a circunferência determinada pelos pontos não colineares X, Y e Z, então as circunferências λ_{AFE}, λ_{BDF} e λ_{CED} (ver figura 3.28) concorrem em um ponto M (chamado *ponto de Miquel*).

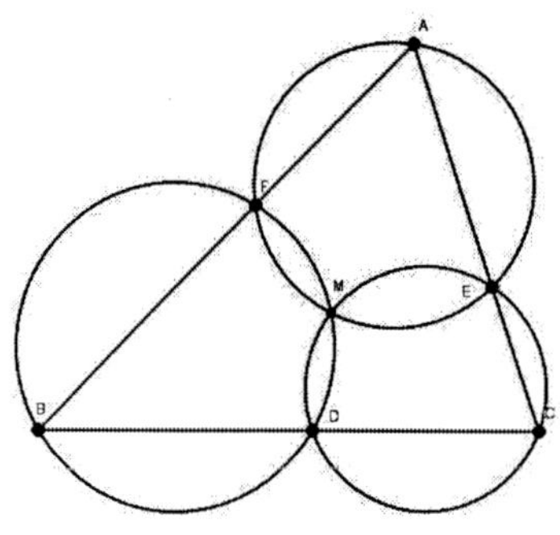

Figura 3.28: O ponto de Miquel.

Nosso procedimento para mostrar tal concorrência será o seguinte: tomaremos o outro ponto $M \neq F$ em que as circunferências λ_{AFE} e λ_{BDF} se encontram, e mostraremos que a circunferência λ_{CED} também passa por M.

Vamos proceder a uma inversão de centro M.

A circunferência λ_{AFE} (que passa por M) será invertida na *reta* λ'_{AFE}, que passa por A', F' e E'. Da mesma forma, λ'_{BDF} é uma reta que passa por B', D' e F'.

Uma vez que as triplas AFB, AEC e BDC são de pontos colineares, as inversas de tais retas são circunferências (passando por M) e, portanto, os quadriláteros $A'F'B'M$, $A'E'C'M$ e $B'D'C'M$ são cíclicos (ver figura 3.29).

Segue, então, que em cada um desses quadriláteros os ângulos opostos são suplementares.

Se denotarmos por α, β e γ as medidas dos ângulos $\widehat{A'F'B'}$, $\widehat{E'C'M}$ e $\widehat{D'C'M}$, respectivamente, então $\widehat{A'MB'}$, $E'A'M$ e $D'B'M$ terão respectivamente medidas $\pi - \alpha$ $\pi - \beta$ e $\pi - \gamma$.

Como $E'A'M$ é externo ao triângulo $A'F'M$, então sua medida $\pi - \beta$ é a soma das medidas dos internos não adjacentes. Procedendo da mesma forma com o ângulo $D'B'M$ externo ao triângulo $B'F'M$, concluiremos que a soma das medidas de $E'A'M$ e de $D'B'M$ é igual à soma das medidas dos ângulos em F' e em M no quadrilátero $A'F'B'M$, ou seja,

$$(\pi - \beta) + (\pi - \gamma) = \alpha + (\pi - \alpha) = \pi.$$

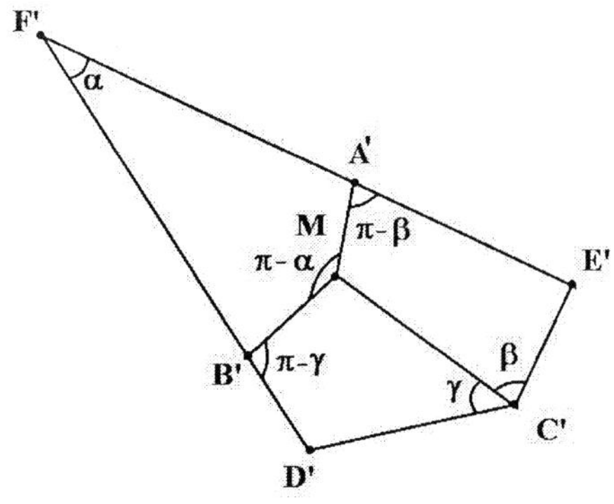

Figura 3.29: $A'F'B'M$, $A'E'C'M$ e $B'D'C'M$ são cíclicos.

O que nos fornece $\beta + \gamma = \pi$, e portanto, que C' pertence à reta $E'D'$. Essa reta não passa por M pois, caso contrário, os pontos C, D e E seriam colineares (uma vez que também estariam em tal reta).

Como consequência, a inversa dessa reta é uma circunferência que passa por M e também pelos pontos C, E e D. Ou seja: é a própria circunferência λ_{CED}.

A próxima aplicação é um problema da Olimpíada de Matemática dos Estados Unidos da América.

3.6.4 USAMO 1993/2

Seja $ABCD$ um quadrilátero cujas diagonais $\overline{AC}$ e $\overline{BD}$ são perpendiculares e se intersectam em E. Mostre que as reflexões de E com respeito a $\overline{AB}$, $\overline{BC}$, $\overline{CD}$ e $\overline{DA}$ são concíclicas.

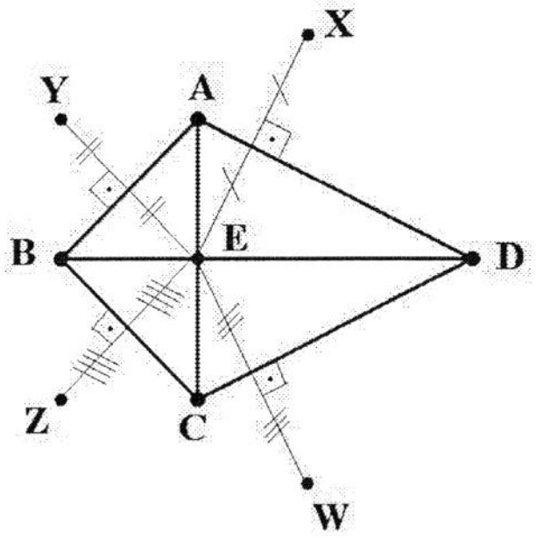

Figura 3.30: X, Y, Z e W são as reflexões.

Resolução:

Sejam X, Y, Z e W as reflexões do ponto E com respeito a $\overline{DA}$, $\overline{AB}$, $\overline{BC}$ e $\overline{CD}$, respectivamente (ver figura 3.31). Observe que a reta AD é a mediatriz do segmento $\overline{EX}$ (e portanto, o ponto A, que pertence a essa reta, equidista dos pontos E e X). Analogamente, a reta AB é a mediatriz do segmento $\overline{EY}$. Assim, o ponto A que também pertence a essa reta, equidista de E e de Y.

Segue-se que o ponto A equidista de X, E e Y. Portanto, esse ponto A é o centro de uma circunferência λ_1 que passa por X, E e Y.

Além disso, tal circunferência é tangente à reta BD, pois essa reta é perpendicular ao raio $\overline{AE}$.

Prosseguindo com esse raciocínio, podemos observar que (veja figura 3.31):

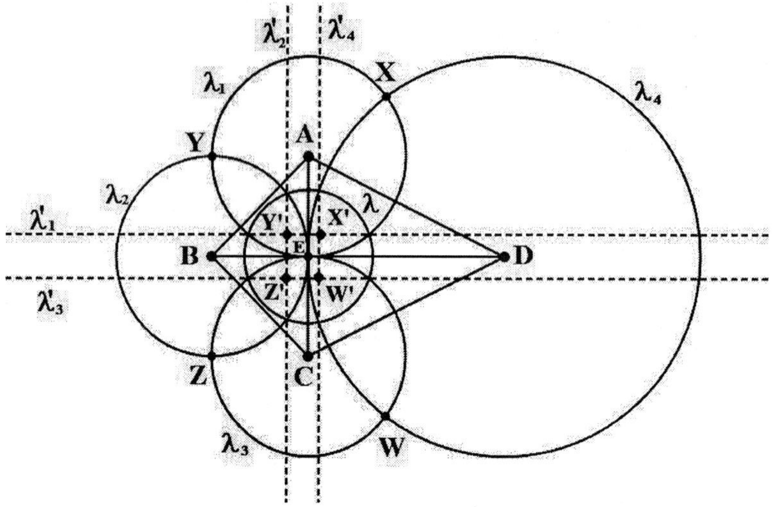

Figura 3.31: Inversão com respeito a uma circunferência de centro E.

- O ponto B é o centro de uma circunferência λ_2, que passa por Y, E e Z. E tal circunferência é tangente à reta AC;
- O ponto C é o centro de uma circunferência λ_3, que passa por Z, E e W. E tal circunferência é tangente à reta BD;
- O ponto D é o centro de uma circunferência λ_4, que passa por W, E e X. E tal circunferência é tangente à reta AC.

Veja que as circunferências λ_1 e λ_3 são tangentes exteriormente. Só se tocam no ponto E, que pertence à tangente BD comum a ambas.

Analogamente, as circunferências λ_2 e λ_4 são tangentes exteriormente. Só se tocam no ponto E, que pertence à tangente AC comum a ambas.

Seja λ circunferência qualquer centrada em E. Vamos inverter λ_1, λ_2, λ_3 e λ_4 com respeito a λ.

As inversas λ_1' e λ_3', de λ_1 e de λ_3 respectivamente, serão duas retas *paralelas* (pois λ_1 e λ_3 se tocam *apenas* no centro de inversão), e nenhuma de tais retas passa pelo ponto E (caso contrário, suas inversas λ_1 e λ_3 seriam também, como sabemos, *retas* passando pelo ponto E). Lembremo-nos, por fim, de que λ_1' é perpendicular à reta que contém os centros de λ e de λ_1. De forma análoga, λ_3' é perpendicular à reta que contém os centros de λ e de λ_3. Então ambas as retas são perpendiculares à reta AC.

O mesmo raciocínio usado acima nos mostra que λ_2' e λ_4' são duas paralelas que não passam pelo centro de inversão, ambas perpendiculares à reta BD.

Observemos que X', o inverso de X, está na intersecção dos inversos λ_4' e λ_1', de λ_4 e λ_1, respectivamente. Da mesma forma,

- Y' é a intersecção das retas λ_1' e λ_2'
- Z' é a intersecção das retas λ_2' e λ_3'
- W' é a intersecção das retas λ_3' e λ_4'.

Segue que $X'Y'Z'W'$ é um *quadrado* e, portanto, é *cíclico*, ou seja, admite, como todo quadrado, uma circunferência Γ que passa por seus quatro vértices. Uma tal circunferência *não* passará pelo ponto E, pois (por exemplo) dois desses quatro pontos estão de um lado da reta BC, enquanto que os outros dois estão do outro lado.

Desta forma, a circunferência Γ (que não passa pelo centro de inversão) será invertida, por λ, em uma outra circunferência Γ' que, evidentemente, conterá os inversos de X', Y', Z' e W' ... que são, é claro, os pontos X, Y, Z e W. Ou seja: esses pontos são, de fato, concíclicos.

Observação 3.8. *Outra forma de se concluir este exercício seria (após constatado que a circunferência que passa por X', Y', Z' e W' não passa pelo centro de inversão) invocar o Teorema de Ptolomeu (seção 3.6.2) para observar que*

$$|\overline{X'Y'}|.|\overline{Z'W'}| + |\overline{X'W'}|.|\overline{Y'Z'}| = |\overline{X'Z'}|.|\overline{Y'W'}|$$

(pois X', Y', Z' e W' são concíclicos), e usar comparação entre segmentos (relação (1.3), pág. 11) para obter

$$\frac{r^2|\overline{XY}|}{|\overline{EX}|.|\overline{EY}|}.\frac{r^2|\overline{ZW}|}{|\overline{EZ}|.|\overline{EW}|} + \frac{r^2|\overline{XW}|}{|\overline{EX}|.|\overline{EW}|}.\frac{r^2|\overline{YZ}|}{|\overline{EY}|.|\overline{EZ}|} = \frac{r^2|\overline{XZ}|}{|\overline{EX}|.|\overline{EZ}|}.\frac{r^2|\overline{YW}|}{|\overline{EY}|.|\overline{EW}|}$$

(onde r^2 é a potência de inversão) e, multiplicando toda essa relação por $\frac{|\overline{EX}|.|\overline{EY}|.|\overline{EZ}|.|\overline{EW}|}{r^2}$, chega-se a

$$|\overline{XY}|.|\overline{ZW}| + |\overline{XW}|.|\overline{YZ}| = |\overline{XZ}|.|\overline{YW}|,$$

o que - novamente pelo Teorema de Ptolomeu - significa que X , Y, Z e W são de fato concíclicos.

3.6.5 Área do Triângulo Pedal

Dados um triângulo ABC e um ponto P no plano desse triângulo, ao baixarmos por P as perpendiculares aos lados (ou aos prolongamentos dos lados) de ABC, teremos eventualmente um outro triângulo, chamado de *triângulo pedal* do triângulo ABC com respeito ao ponto P.

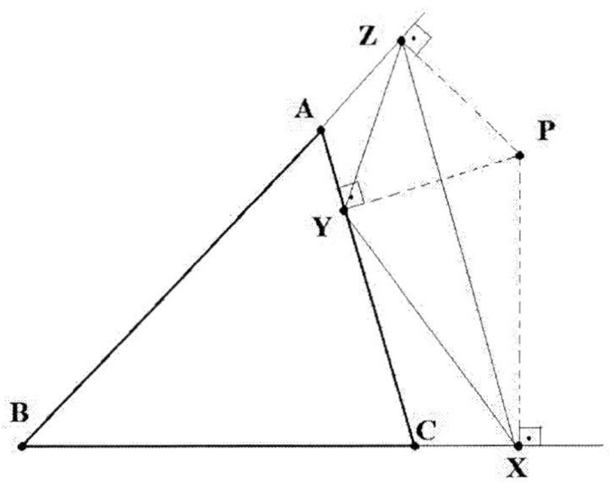

Figura 3.32: O triângulo XYZ é o triângulo pedal de ABC com respeito ao ponto P.

A inversão geométrica fornece uma técnica alternativa para a obtenção de uma expressão para a área do triângulo pedal que, como veremos adiante, estenderá substancialmente um outro resultado geométrico.

A Reta de Simson-Wallace

Seja ABC um triângulo qualquer, e tome-se um ponto P na circunferência do círculo circunscrito a esse triângulo. Sejam X, Y e Z os pés das perpendiculares, por P, aos lados $\overline{BC}$, $\overline{AC}$ e $\overline{AB}$, respectivamente.

Denotemos por α a medida do ângulo $\widehat{AZY}$, e por β a medida do ângulo $\widehat{BZX}$ (figura 3.33).

Da geometria euclidiana elementar, sabemos que o quadrilátero $PZAY$ é inscritível (seus vértices são concíclicos), pois seus ângulos opostos são suplementares (os ângulos em Z e Y, por exemplo, são retos). Seja λ o círculo circunscrito a esse quadrilátero.

P e Z serão então vértices de dois ângulos inscritos em λ, ambos correspondentes ao mesmo arco AY. Segue que ambos têm medida α.

Por outro lado, os triângulos retângulos PXB e PZB compartilham a mesma hipotenusa $\overline{PB}$. Assim sendo, são ambos inscritíveis num mesmo círculo μ de diâmetro $\overline{PB}$.

Como P e Z são vértices de ângulos inscritos em μ, correspondentes ambos ao mesmo arco BX, então eles terão a mesma medida β.

Denotemos por φ a medida do ângulo $\widehat{XPA}$.

Por construção, o quadrilátero $PBCA$ é inscritível. Logo seus ângulos opostos são suplementares. Em particular,

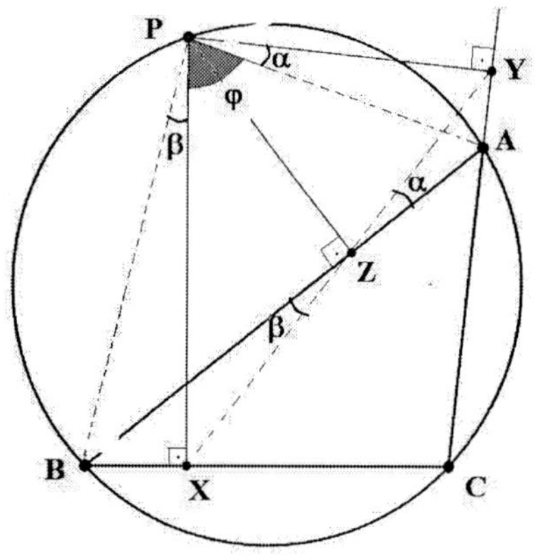

Figura 3.33: O quadrilátero $PXCY$ é inscritível, assim como o quadrilátero $PBCA$.

$$\beta + \varphi + \widehat{C} = \pi. \tag{3.18}$$

Por outro lado, o quadrilátero $PXCY$ é também inscritível (pois seus ângulos opostos em X e Y são suplementares). Assim sendo, teremos também que a soma dos dois outros ângulos opostos também é um ângulo raso:

$$\alpha + \varphi + \widehat{C} = \pi.$$

Essa informação, aliada à relação (3.18), nos fornece então que $\beta = \alpha$.

Assim sendo, se P está na circunferência do círculo circunscrito ao triângulo ABC, então os pés X, Y e Z, das perpendiculares por esse ponto aos lados (ou aos prolongamentos dos lados) do triângulo ABC, são *colineares.*

Neste caso, a reta que passa por esses três pontos é chamada de *reta de Simson*, ou *reta de Simson-Wallace.*

Acontece que a recíproca também é verdadeira: Se P é um ponto do plano de um triângulo ABC tal que os pés das perpendiculares aos lados desse triângulo são colineares, então P estará na circunferência do circuncírculo do triângulo ABC.

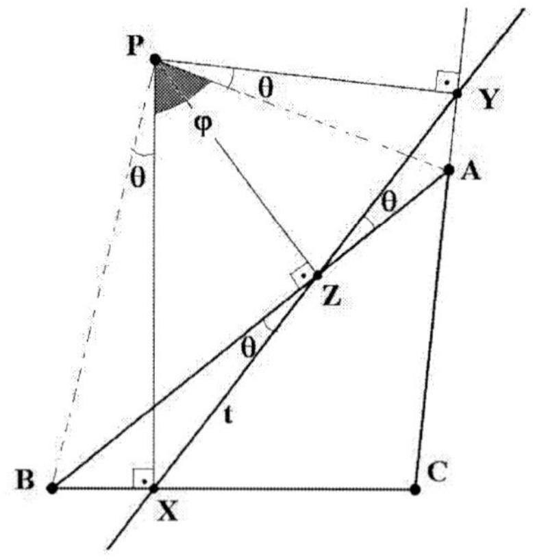

Figura 3.34: t é a reta determinada por X, Y e Z.

Para constatarmos isso, tomemos como ponto de partida uma tal configuração. Denotemos por t a reta que passa pelos pés X, Y e Z das perpendiculares aos lados de um triângulo ABC, por um ponto P (figura 3.34).

Então os ângulos $\widehat{BZX}$ e $\widehat{AZY}$, opostos pelo vértice na concorrência Z das retas t e AB, possuem mesma medida. Essa medida comum denotaremos por θ.

Por ter ângulos opostos suplementares, o quadrilátero $PZAY$ é inscritível, ou seja, seus vértices são concíclicos. Denotemos por λ o círculo circunscrito a esse quadrilátero.

Os pontos Z e P são vértices de dois ângulos inscritos em λ, correspondentes ambos ao mesmo arco AY. Segue que eles têm mesma medida θ.

Por outro lado, os triângulos retângulos PXB e PZB compartiham a mesma hipotenusa $\overline{PB}$ e portanto, estão ambos inscritos no mesmo círculo de diâmetro $\overline{PB}$, círculo esse que denotaremos por μ.

Os pontos Z e P são vértices de dois ângulos inscritos em μ que correspondem ao mesmo arco BX, e portanto, têm mesma medida θ.

Denotemos por φ a medida do ângulo $\widehat{APX}$.

Observemos agora que o quadrilátero $PXCY$ é inscritível (os ângulos em X e em Y são retos). Então a soma de dois ângulos opostos nesse quadrilátero é sempre de um ângulo raso. Segue, então, que

$$(\widehat{YPA} + \widehat{APX}) + \widehat{ACX} = (\theta + \varphi) + \widehat{C} = \pi.$$

Essa é, entretanto, a própria soma dos ângulos opostos $\widehat{BPA}$ e $\widehat{BCA}$ no outro quadrilátero $PBCA$... que também será, portanto, inscritível.

Então o ponto P está na circunferência do círculo circunscrito ao triângulo ABC.

Em suma, temos

> Seja P um ponto do plano de um triângulo ABC, e sejam X, Y e Z os pés das perpendiculares por esse ponto às retas suporte dos lados de ABC. Então X, Y e Z são colineares se, e somente se, o ponto P estiver na circunferência do circuncírculo de ABC.

Observação 3.9. *Observe-se que uma outra forma de enunciar esse resultado é dizendo que* o triângulo pedal *de ABC com respeito ao ponto P é degenerado se, e somente se, P estiver na circunferência do circuncírculo de ABC. Nos casos do alinhamento, a reta que passa por esses três pontos é, como sabemos, chamada de reta de Simson-Wallace.*

Note-se ainda que para cada ponto P do plano do triângulo ABC poderemos ter um triângulo pedal diferente.

Observação 3.10. *O leitor pode perceber que o resultado acima foi demonstrado sem qualquer auxílio da inversão geométrica, e de fato isso não era necessário. O alinhamento de Simson-Wallace foi aqui demonstrado porque sua simples menção sem uma devida prova constituiria uma incômoda lacuna. O que mostraremos a seguir, desta vez usando inversões, será uma abrangente extensão desse resultado.*

A área do Triângulo Pedal

Vamos agora buscar uma expressão para a área do triângulo pedal de um triângulo ABC com respeito a um ponto P do plano desse triângulo. Tal expressão dependerá da área S_{ABC} do triângulo original, bem como de seu circunraio e da distância de P a seu circuncentro.

Seja P um ponto do plano de um triângulo ABC de circuncírculo λ e circunraio R, e seja XYZ o triângulo pedal de ABC com respeito a P (figura 3.35).

Vamos considerar a inversão de centro P e potência $\mathcal{P}(P;\lambda)$.

Se A', B' e C' são respectivamente as intersecções das retas PA, PB e PC com λ então a relação (3.3) (pág. 31) nos fornece

$$S_{A'B'C'} = \left[\frac{\mathcal{P}^3(P;\lambda)}{(|\overline{PA}|.|\overline{PB}|.|\overline{PC}|)^2}\right].S_{ABC} \tag{3.19}$$

(observe-se que, no presente caso, o quadrado raio do círculo de inversão é precisamente a potência $\mathcal{P}(P;\lambda)$).

Seja β a medida do ângulo $\widehat{ZBX} = \widehat{ABC}$.

Observando que PB é o diâmetro do circuncírculo do triângulo ZBX, circunscrito ao quadrilátero $ZBXP$, a Lei dos Senos no triângulo ZBX nos fornece

$$sen\beta = \frac{|\overline{XZ}|}{|\overline{BP}|}.$$

E no triângulo ABC, a lei dos Senos nos permite escrever

$$sen\beta = \frac{|\overline{AC}|}{2R},$$

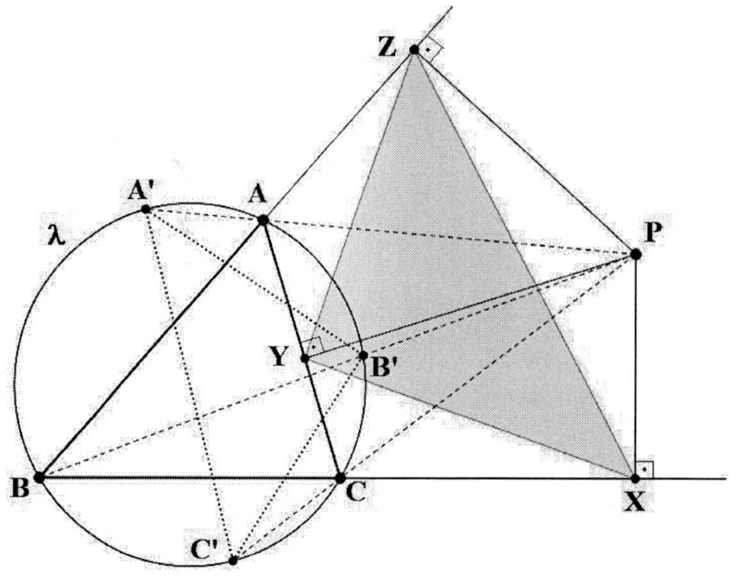

Figura 3.35: XYZ é o triângulo pedal de ABC com respeito a P.

onde R é o circunraio de ABC.

Segue, então, que

$$|\overline{AC}|.|\overline{BP}| = 2R|\overline{XZ}|.$$

Isso nos permite verificar que o triângulo $A'B'C'$ é semelhante ao triângulo XYZ.

De fato, pela relação de comparação entre segmentos temos

$$\begin{aligned}
|\overline{A'C'}| &= \frac{|\overline{AC}|.\mathcal{P}(P;\lambda)}{|\overline{PA}|.|\overline{PC}|} \\
&= \frac{|\overline{AC}|.|\overline{PB}|.|\overline{PB'}|}{|\overline{PA}|.|\overline{PC}|} \\
&= |\overline{AC}|.|\overline{PB}|.\left(\frac{|\overline{PB'}|}{|\overline{PA}|.|\overline{PC}|}\right) \\
&= |\overline{AC}|.|\overline{PB}|.\frac{\mathcal{P}(P;\lambda)}{|\overline{PA}|.|\overline{PB}|.|\overline{PC}|} \\
&= \frac{2R|\overline{XZ}|.\mathcal{P}(P;\lambda)}{|\overline{PA}|.|\overline{PB}|.|\overline{PC}|}.
\end{aligned}$$

Procedendo de maneira análoga com os segmentos $\overline{A'B'}$ e $\overline{B'C'}$ chegamos a

$$\frac{|\overline{A'C'}|}{|\overline{XZ}|} = \frac{|\overline{A'B'}|}{|\overline{XY}|} = \frac{|\overline{B'C'}|}{|\overline{YZ}|} = \frac{2R\mathcal{P}(P;\lambda)}{|\overline{PA}|.|\overline{PB}|.|\overline{PC}|},$$

o que comprova que os triângulos $A'B'C'$ e XYZ são semelhantes e que $\frac{2R\mathcal{P}(P;\lambda)}{|\overline{PA}|.|\overline{PB}|.|\overline{PC}|}$ é a razão de semelhança.

Mas da geometria euclidiana elementar sabemos que, se os triângulos T' e T são semelhantes e k é a razão de semelhança, então suas áreas $S_{T'}$ e S_T estarão entre si, na mesma ordem, segundo a razão k^2.

Assim sendo, teremos

$$S_{A'B'C'} = \left[\frac{2R\mathcal{P}(P;\lambda)}{|\overline{PA}|.|\overline{PB}|.|\overline{PC}|}\right]^2 .S_{XYZ}. \tag{3.20}$$

Essa relação, junto com (3.19), nos permite concluir:

Seja P um ponto do plano de um triângulo ABC. A área S_{XYZ} do triângulo pedal de ABC, associado ao ponto P, é dada por

$$S_{XYZ} = \left(\frac{\mathcal{P}(P;\lambda)}{4R^2}\right).S_{ABC},$$

onde R é o circunraio de ABC e $\mathcal{P}(P;\lambda)$ é a potência de P com respeito ao circuncírculo de ABC.

Observação 3.11. *A relação do quadro acima nos fornece imediatamente as condições sob as quais ocorre a colinearidade de X, Y e Z. Isso porque ela nos diz que $S_{XYZ} = 0$ se, e somente se, $\mathcal{P}(P;\lambda) = 0$, ou seja, se P está na circunferência do circuncírculo de ABC.*

Essa mesma relação nos diz, entre outras coisas, que os pontos P à mesma distância do circuncentro O irão fornecer triângulos pedais de mesma área.

3.7 Obtenção do Centro e do Raio de Inversão

Nesta seção vamos investigar algumas condições mínimas segundo as quais poderemos determinar centro e raio de inversão. Geralmente são dadas duas ou mais figuras geométricas, e eventualmente alguma informação sobre elas.

3.7.1 Reta e Circunferência Exteriores

Sejam dados uma reta s e um círculo φ exterior a ela. Solicita-se encontrar o centro e a potência da inversão que levará s em φ e vice-versa.

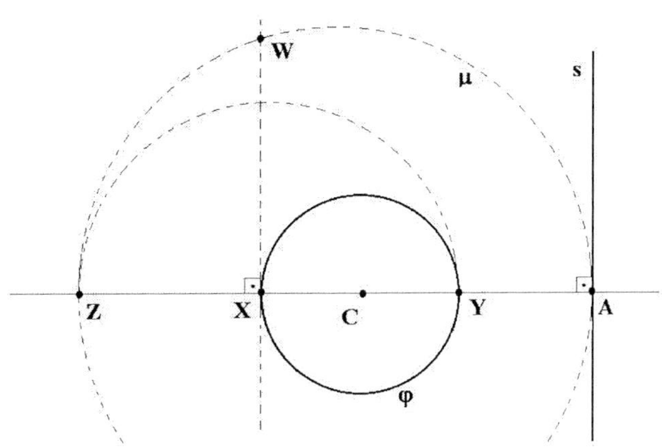

Figura 3.36: X será o centro, e $|\overline{XW}|^2$ a potência de inversão.

Seja C o centro de φ. Por esse ponto, tracemos a perpendicular a s, que a encontrará em um ponto A. A reta CA encontrará φ em dois pontos X e Y, evidentemente simétricos com respeito a C. Para fixar as ideias, suponhamos que Y esteja entre C e A.

Com centro no ponto X, e abertura $|\overline{XY}|$, tracemos um arco de círculo que encontrará a reta CA em um ponto $Z \neq Y$.

Seja μ a circunferência de diâmetro $\overline{ZA}$. A reta perpendicular a CA, por X, encontrará μ em dois pontos. Escolhamos um deles e denotemos por W.

Afirmamos que X é o centro e $|\overline{XW}|^2$ é a potência da inversão que leva φ em s e vice-versa.

Justificativa:

Já sabemos que o centro de inversão deverá ser um dos pontos X ou Y. Pois para que uma circunferência seja invertida numa reta é preciso que ela passe pelo centro de inversão. E, além disso, sabemos que tal centro deverá estar na perpendicular a essa reta que passa pelo centro da circunferência. Mas se Y fosse o centro de inversão então o inverso de X não estaria em s. Logo, o centro é X.

Por outro lado, o triângulo ZWA é retângulo em W (por estar inscrito em um semicírculo). Devido às propriedades métricas de um triângulo retângulo, teremos

$$\begin{aligned} |\overline{XW}|^2 &= |\overline{XZ}|.|\overline{XA}| \\ &= |\overline{XY}|.|\overline{XA}| \end{aligned}$$

o que nos informa que Y e A são inversos um do outro com respeito ao centro X e à potência $|\overline{XW}|^2$.

Se P é um outro ponto qualquer de φ, distinto de X e de Y, então seu inverso com respeito a tal inversão estará em s.

De fato, seja Q a intersecção de $\overrightarrow{XP}$ com s. Um simples trabalho com a semelhança entre os triângulos retângulos XPY e XAQ nos dirá que

$$|\overline{XP}|.|\overline{XQ}| = |\overline{XA}|.|\overline{XY}|.$$

✓

Observação 3.12. *Denotando por r o raio de φ e por η a distância entre o centro de inversão e a reta s, podemos observar que a potência dessa inversão (que chamaremos aqui de R^2) é fornecida por*

$$\begin{aligned} R^2 &= |\overline{XY}|.|\overline{XA}| \\ &= 2r.\eta. \end{aligned}$$

3.7.2 Reta e Circunferência Tangentes

Sejam dados uma reta s e um círculo φ, tangentes entre si. Solicita-se encontrar o centro e a potência da inversão que levará s em φ e vice-versa.

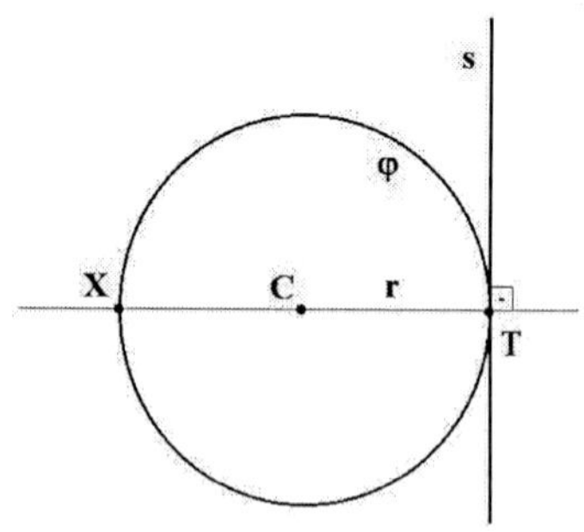

Figura 3.37: X será o centro, e $|\overline{XT}|^2$ a potência de inversão.

A reta determinada pelo centro C de φ e pelo ponto T de tangência encontrará φ em um outro ponto X, diametralmente oposto a T. Esse será o centro de inversão e $|\overline{XT}|^2$ será a potência de inversão.

Justificativa:

Novamente lembramos que, para que uma circunferência seja invertida em uma reta, então ela deve passar pelo centro de inversão - e que tal centro está na reta que passa pelo centro da circunferência e é perpendicular à reta. Acontece, entretanto, que tal centro não pode ser o ponto T pois nesse caso o inverso de X não estaria na reta s. Então só pode ser X. Tomando um ponto P qualquer de φ que não seja X ou T, a semirreta $\overrightarrow{XP}$

encontrará s em um ponto Q. Observe que teremos dois triângulos retângulos semelhantes: XPT e XTQ. Trabalhando com essa semelhança, facilmente chegamos a

$$|\overline{XP}|.|\overline{XQ}| = |\overline{XT}|^2,$$

e assim $|\overline{XT}|^2$ será a potência de inversão.

✓

Observação 3.13. *Uma vez mais, a potência R^2 de inversão pode aqui ser expressa pela relação $R^2 = 2a\eta$ (ver observação 3.12), pois como no caso particular em questão temos $\eta = 2a$ então*

$$\begin{aligned} R^2 &= |\overline{XT}|^2 \\ &= (2r)^2 \\ &= 4r^2 \\ &= 2r\eta. \end{aligned}$$

3.7.3 Reta e Circunferência Secantes

Seja s uma reta que intersecta uma circunferência φ nos pontos A e B. Solicita-se encontrar centro e raio de uma inversão que leve uma na outra.

Seja m a reta que passa pelo centro C de φ e é perpendicular a s. A reta m encontrará φ em dois pontos X e Y. Temos aqui duas possibilidades viáveis:

- Centro X e potência $|\overline{XA}|^2 = |\overline{XB}|^2$;
- Centro Y e potência $|\overline{YA}|^2 = |\overline{YB}|^2$.

Justificativa:

Tomemos como sempre a perpendicular t, a s, que passa por C. Sabemos que o centro de inversão deve estar em $t \cap \varphi$.

Chamemos de H a intersecção de s com t.

O triângulo XBY é retângulo em B (pois está inscrito em um semicírculo). Das relações métricas num triângulo retângulo (Veja a seção *Construção Geométrica do Inverso de um Ponto Dado*, pág. 7) segue que

$$|\overline{XB}|^2 = |\overline{XH}|.|\overline{XY}|. \tag{3.21}$$

Seja P um ponto qualquer de φ que não seja X ou Y, e seja Q a intersecção de $\overrightarrow{XP}$ com s.

Observe-se que temos dois triângulos retângulos semelhantes: XPY e XHQ. Dessa semelhança podemos facilmente inferir que

$$\frac{|\overline{XP}|}{|\overline{XH}|} = \frac{|\overline{XY}|}{|\overline{XQ}|}$$

A relação acima, com auxílio de 3.21, nos dá

$$|\overline{XP}|.|\overline{XQ}| = |\overline{XB}|^2.$$

O que indica que P e Q são inversos um do outro na inversão de centro X e potência $|\overline{XA}|^2 = |\overline{XB}|^2$.

De maneira inteiramente análoga, o raciocínio sobre o ponto Y nos dará a outra possibilidade para centro e potência de inversão.

✓

Observação 3.14. *No presente caso ainda temos expressão familiar para a potência de inversão (ver observações 3.12 e 3.13).*

De fato, seja R_1 o raio de inversão associado ao centro X. Usando relações métricas no triângulo retângulo XBY (veja figura 3.38) teremos

$$|\overline{XB}|^2 = |\overline{XY}|.|\overline{XH}|,$$

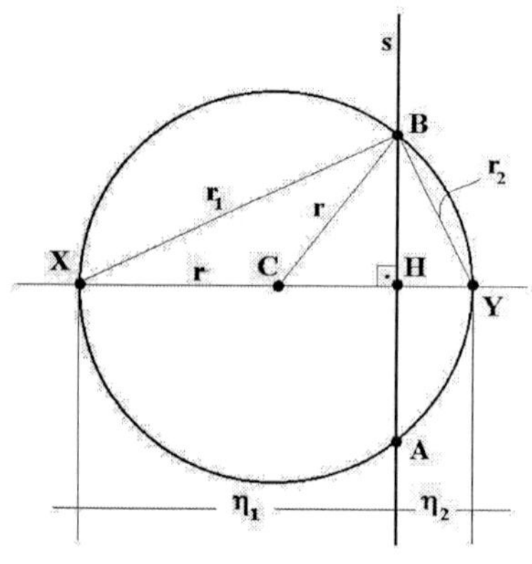

Figura 3.38: R_1 e R_2 são os dois possíveis raios de inversão.

ou seja,

$$R_1^2 = 2r\eta_1.$$

Analogamente, teremos

$$R_2^2 = 2r\eta_2.$$

Segue-se que podemos então resumir a situação geral reta-círculo declarando que a potência r^2 da inversão com respeito a determinado centro de inversão será dada por

$$R^2 = 2r\eta, \tag{3.22}$$

onde r é a medida do raio do círculo e η é a distância da reta ao centro de inversão.

3.7.4 Duas Circunferências Exteriores de Raios Diferentes

Sejam dadas duas circunferências exteriores φ e μ, de raios diferentes r e R, respectivamente. Solicita-se encontrar centro e raio de uma inversão que leve uma na outra.

Seja O o ponto pelo qual passam as tangentes externas comuns a essas duas circunferências. Se d e D são respectivamente as distâncias entre O e o centro de φ e o centro de μ, a circunferência de centro O e raio $\mathcal{R} = \sqrt{(d+r)(D-R)}$ é a circunferência de inversão.

Justificativa:

A reta dos centros (isto é, a reta que passa pelos centros de φ, μ e pelo ponto O) interceptará φ em dois pontos A e B (figura 3.39), um dos quais (B) dista $d+r$ do ponto O. Essa mesma reta encontra μ nos pontos B' e A', um dos quais (B') dista $D-R$ do ponto O. Uma inversão de centro O que leve B em B' deverá ter potência $(d+r)(D-R)$.

Sejam T e U os pontos em que uma das retas por O tangencia φ e μ, respectivamente.

Da semelhança entre os triângulos $OC_\varphi T$ e $OC_\mu U$ (onde C_φ e C_μ são os centros das duas circunferências) obtemos $\frac{d}{D} = \frac{r}{R}$, o que nos diz que

$$(d+r)(D-R) = (d-r)(D+R),$$

e que, portanto, A e A' também serão inversos um do outro.

✓

Observação 3.15. *Observe antes de mais nada que $d+r < D-R$, uma vez que essas circunferências são exteriores. Dessa relação segue também que $d+r < \mathcal{R} < D-R$. Isso já indica que uma das circunferências é interior e outra é exterior ao círculo de inversão.*

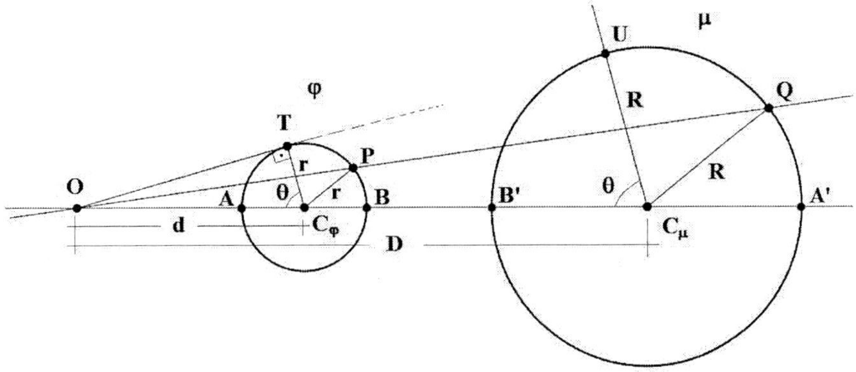

Figura 3.39: P e Q **não** são inversos um do outro.

Observação 3.16. *A obtenção do ponto O, a partir do qual passam as tangentes externas comuns a essas duas circunferências, tem importância intrínseca e, apesar de não estar diretamente relacionado com o assunto em questão (inversão geométrica), deve ser aqui visto com um pouco mais de detalhe.*

Vamos encontrar esse ponto.

Tomemos em φ um ponto P. Obtenhamos em μ um ponto Q de forma que $\widehat{OC_\mu Q} = \widehat{OC_\varphi P}$ (importante salientar que o ponto Q não *será o inverso de P). Segue em particular que os triângulos $OC_\mu Q$ e $OC_\varphi P$ são semelhantes - e consequentemente*

$$\frac{r}{R} = \frac{d}{D}.$$

Seja O a intersecção da reta PQ com a reta dos centros.

Por O tracemos uma tangente a φ, que a encontrará em um ponto T.

Pelo ponto C_μ, tracemos uma paralela a $C_\varphi T$, que encontrará μ em um ponto U. Os triângulos $OC_\varphi T$ e $OC_\mu U$ são então semelhantes - e portanto, o ângulo em U do triângulo $OC_\mu U$ também é reto. Em particular temos também que $\widehat{C_\mu OU} = \widehat{C_\varphi T}$, ou seja, que os pontos O, T e U são colineares.

Então a reta OT também tangencia μ.

Observação 3.17. *Vamos aqui também indicar, para futuros usos, um processo de obtenção das tangentes* interiores *comuns a dois círculos exteriores.*

Suponhamos o problema resolvido, e seja t uma de tais tangentes interiores comuns aos círculos φ, de centro C_φ e raio r, e μ, de centro C_μ e raio R (figura 3.40). Sejam P o ponto em que t encontra a reta dos centros e x a distância entre P e C_φ.

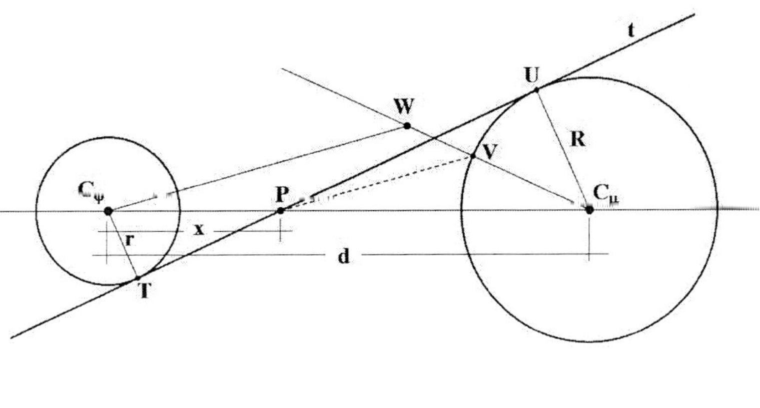

Figura 3.40: O Teorema de Tales embasa a construção.

Os triângulos retângulos $C_\varphi TP$ e $C_\mu UP$ são semelhantes e então, se d é a distância entre os centros, tem-se

$$\frac{r}{R} = \frac{x}{d-x}$$

o que nos fornecerá

$$\frac{r}{x} = \frac{R+r}{d}. \tag{3.23}$$

Essa última relação sugere um método simples para se achar o ponto P:

Seja V um ponto qualquer de μ que não esteja na reta dos centros. Sobre a semirreta $\overrightarrow{C_\mu V}$, marcamos um ponto W tal que V esteja entre C_μ e W, e $|\overline{VW}| = r$. Em seguida traçamos o segmento $\overline{WC_\varphi}$ e, pelo ponto V, traçamos uma paralela a $\overline{WC_\varphi}$, que encontrará a reta dos centros em um ponto P.

Agora é só observar que o Teorema de Tales aplicado a essa construção nos fornece a relação 3.23.

3.7.5 Duas Circunferências Tangentes Exteriormente e de Raios Diferentes

Sejam dadas duas circunferências tangentes exteriormente φ e μ em um ponto E, de raios diferentes r e R, respectivamente. Solicita-se encontrar centro e raio de uma inversão que leve uma na outra.

Seja O o ponto em que uma das tangentes exteriores comuns encontra a reta dos centros. A circunferência de inversão tem centro O e raio $|\overline{OE}|$.

Justificativa:

Sejam T e U os pontos de tangência dessa reta com φ e μ, respectivamente. Se d e D são respectivamente as distâncias de O aos centros de φ e de μ, então

$$|\overline{OT}|^2 = d^2 - r^2 \quad \text{e} \quad |\overline{OU}|^2 = D^2 - R^2.$$

Trabalhando com semelhança de triângulos e proporções (ver figura 3.41) pode-se escrever

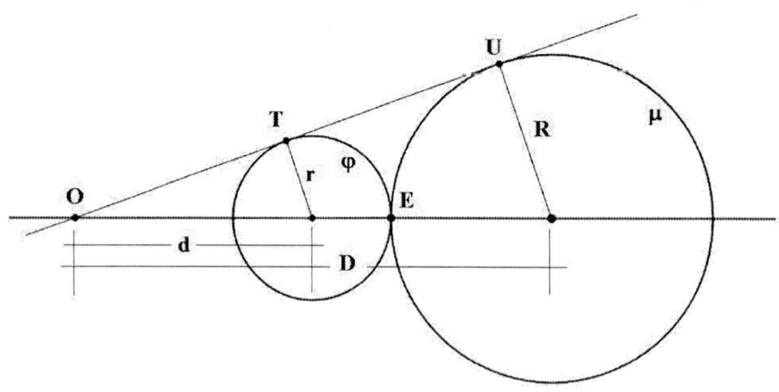

Figura 3.41: Centro O e raio $|\overline{OE}|$ invertem φ em μ e vice-versa.

$$\frac{d}{D} = \frac{r}{R} = \frac{d-r}{D-R} = \frac{d+r}{D+R}, \tag{3.24}$$

quando então se terá

$$\frac{d^2}{D^2} = \frac{r^2}{R^2} = \frac{d^2-r^2}{D^2-R^2} \tag{3.25}$$

e portanto,

$$\begin{aligned}|\overline{OT}|.|\overline{OU}| &= \sqrt{d^2-r^2}.\sqrt{D^2-R^2}\\ &\overset{(3.25)}{=} \frac{D}{d}(d^2-r^2)=\frac{D}{d}(d-r)(d+r)\\ &\overset{(3.24)}{=} (D-R)(d+r).\end{aligned}$$

E, como se pode perceber, $D-R=d+r$ é precisamente a distância de O até o ponto E de tangência entre as circunferências. Em particular, vemos também que $(D-R)(d+r)$ é o quadrado do raio de inversão. ✓

3.7.6 Duas Circunferências Secantes de Raios Diferentes

Sejam dadas duas circunferências secantes φ e μ, de raios diferentes r e R, respectivamente. Solicita-se encontrar centro e raio de uma inversão que leve uma à outra.

Sejam P um dos pontos de encontro entre φ e μ, e O o ponto em que uma das tangentes exteriores comuns encontra a reta dos centros. A circunferência de inversão tem centro O e raio $|\overline{OP}|$.

Justificativa:

Denotemos por d e D as distâncias de O aos centros de φ e de μ, respectivamente. Sejam T e U os pontos em que essa tangente comum encontra φ e μ respectivamente.

Denotaremos por C_φ e por C_μ os centros de φ e de μ, respectivamente.

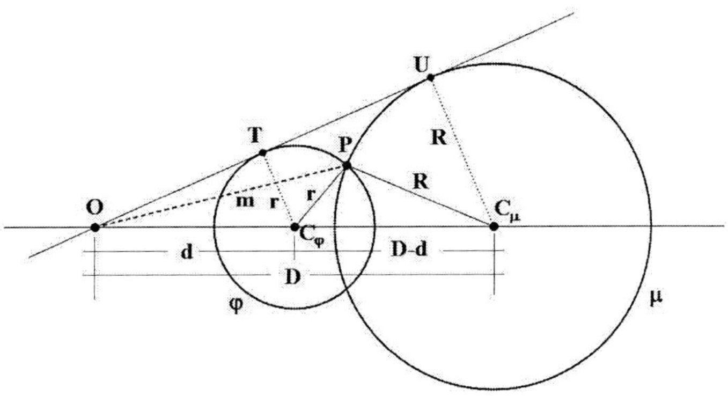

Figura 3.42: Centro O e raio $|\overline{OE}|$ invertem φ em μ e vice-versa.

Da semelhança entre os triângulos OTC_φ e OUC_μ (figura 3.42) inferimos

$$\frac{r}{R}=\frac{d}{D}$$

e, em particular,

$$R^2=\frac{D^2r^2}{d^2}. \tag{3.26}$$

Seja m o comprimento do segmento $\overline{OP}$.

Usando a Relação de Stewart[4] no triângulo POC_μ (com respeito à ceviana $\overline{PC_\varphi}$) poderemos escrever

$$m^2(D-d)+R^2d=Dr^2+Dd(D-d)$$

e portanto,

[4] Sobre a Relação de Stewart.

$$\begin{aligned} m^2(D-d) &= Dr^2 - R^2d + Dd(D-d) \\ &\stackrel{(3.26)}{=} Dr^2 - \frac{D^2r^2}{d} + Dd(D-d) \\ &= Dd(D-d) - \frac{Dr^2}{d}(D-d) \\ &= \frac{D}{d}(D-d)(d^2-r^2). \end{aligned}$$

Por outro lado, da observação 3.2 (pág. 29) tem-se que

$$D = \left(\frac{\ell^2}{d^2-r^2}\right)d,$$

onde ℓ^2 é a potência da inversão que leva φ em μ e vice-versa.
Segue assim que $m^2 = \ell^2$, ou seja, que $m = \ell$.

✓

3.7.7 Duas Circunferências Interiores de Raios Diferentes (Tangentes ou Não)

Sejam dadas duas circunferências interiores φ e μ, de raios diferentes r e R, respectivamente. Solicita-se encontrar centro e raio de uma inversão que leve uma na outra.

Seja d a distância entre os centros C_φ e C_μ. O centro O de inversão está no interior do segmento $\overline{C_\varphi C_\mu}$, à distância $d_1 = \frac{dr}{R+r}$ do centro C_φ, e a potência ℓ^2 de inversão é $\ell^2 = \frac{R}{r}(r^2 - d_1^2)$.

Justificativa:

Como sabemos, o centro de inversão está na reta dos centros.

Denotando por d_1 e por d_2 as distâncias do centro de inversão O (a ser encontrado a posteriori) aos centros C_φ e C_μ respectivamente, então as relações 3.2 e 3.3 (pág. 29) nos dizem que

$$d_2 = \left(\frac{\ell^2}{|d_1^2 - r^2|}\right)d_1 \quad \text{e} \quad R = \left(\frac{\ell^2}{|d_1^2 - r^2|}\right)r,$$

onde ℓ^2 é a potência de inversão (a ser encontrada também a posteriori).

Segue daí que $d_2 = \frac{R}{r}d_1$ e, como um raio é maior que outro (por exemplo, $R > r$), então $d_2 > d_1$. Isso já significa que o centro O não poderá estar entre C_φ e C_μ.

É claro que o centro O também não poderá estar sobre nenhuma das circunferências. Pois caso contrário, uma delas seria invertida em uma reta.

Um pequeno exame agora nos informará que o centro O só poderá estar, neste caso, entre os centros dessas duas circunferências.

Senão vejamos:

Consideremos a situação geral ilustrada na figura 3.43, no caso em que φ e μ não são concêntricas[5].

O centro de inversão não pode ser como o ponto A (isto é, não pode estar no exterior de ambos os círculos), pois uma tangente a φ por A jamais tocará μ e então esse ponto de tangência não teria correspondência com ponto algum de μ.

Tampouco poderia ser como B, caso em que os inversos de alguns dos pontos de φ estariam no exterior desse círculo (e portanto, não corresponderiam a ponto algum de μ).

Uma localização como o ponto C também não poderá ocorrer. Pois nesse caso teríamos

$$(R-d_2)(r-d_1) = (r+d_1)(R+d_2),$$

acarretando em $Rd_1 + rd_2 = 0$, o que evidentemente não pode acontecer.

[5] Se φ e μ são concêntricas então o centro e o raio de inversão serão evidentemente obtidos de forma imediata: O centro é o centro comum das duas, e o raio de inversão será $\sqrt{Rr}$.

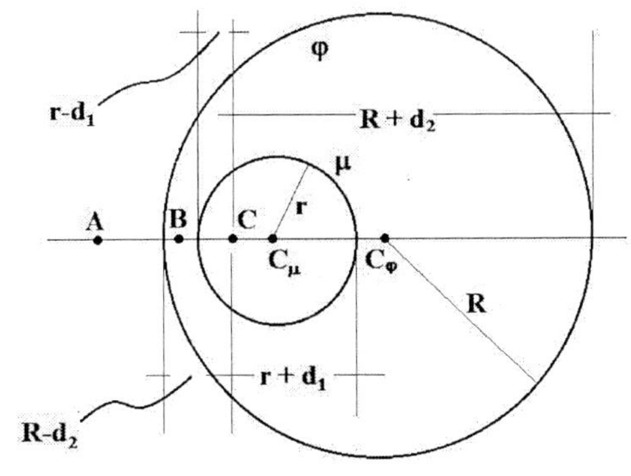

Figura 3.43: O centro O não poderá ser como A, B ou C.

Assim sendo, vem de $d_2 = \frac{R}{r}d_1$ que $d = d_1\left(1+\frac{R}{r}\right) = \left(\frac{R+r}{r}\right)d_1$ e portanto,

$$d_1 = \frac{rd}{R+r}.$$

Como $d \le R - r$ então $d < R + r$ e portanto,

$$d_1^2 - r^2 = \frac{r^2[d^2-(R+r)^2]}{(R+r)^2} < 0.$$

Assim sendo, de $R = \left(\frac{\ell^2}{|d_1^2-r^2|}\right)r$ vem que

$$\begin{aligned}\ell^2 &= \frac{R}{r}|d_1^2 - r^2| \\ &= \frac{R}{r}(r^2 - d_1^2).\end{aligned}$$

✓

Observação 3.18. *No caso em que φ e μ são tangentes interiormente (em um ponto T, digamos), então $d = R - r$ e a expressão acima encontrada para ℓ^2 nos dará $\ell = \frac{2Rr}{R+r}$. Mas isso é precisamente o valor de $R - d_2$. O que nos diz que neste caso $\overline{OT}$ é o raio de inversão.*

3.8 Mecanismos Inversores

O que chamamos aqui de mecanismos inversores são instrumentos gráficos auxiliares (teóricos ou não) para converter retas em circunferências ou vice-versa, usando inversão geométrica.

3.8.1 Mecanismo Inversor de Hart

Antiparalelogramo é um quadrilátero que possui lados não consecutivos de mesmo comprimento e dois dos lados não consecutivos se intersectam.

É simples, usando congruência de triângulos, provar (exercício 1, pág. 60) que as diagonais de um antiparalelogramo plano são paralelas. Para o caso da figura 3.44, isso acarretará em que $ABDC$ é (nessa ordem) um trapézio isósceles.

O mecanismo de Hart consiste em quatro hastes, $\overline{AB}$, $\overline{BC}$, $\overline{CD}$ e $\overline{DA}$, dispostas em antiparalelogramo, tais que $|\overline{AB}| = |\overline{CD}| = m$ e $|\overline{AD}| = |\overline{BC}| = n$ (suponhamos $m < n$), com articulações em A, B, C e D. Em $\overline{AB}$ se marca um ponto O (seja $a = |\overline{AO}|$) e marcam-se também os pontos $P \in BC$ e $Q \in AD$ de tal forma que O, P e Q estejam na mesma paralela a $\overline{BD}$ (e portanto, a $\overline{AC}$).

O ponto O é então fixo no plano, e faz-se o ponto P mover-se, de tal forma que o ponto Q irá também se deslocar no plano (as articulações assim o permitem). É importante notar que, em qualquer estágio desse

Figura 3.44: $|\overline{AB}| = |\overline{CD}|$ e $|\overline{AD}| = |\overline{BC}|$ (observe-se que, aqui, as diagonais são $\overline{AC}$ e $\overline{BD}$).

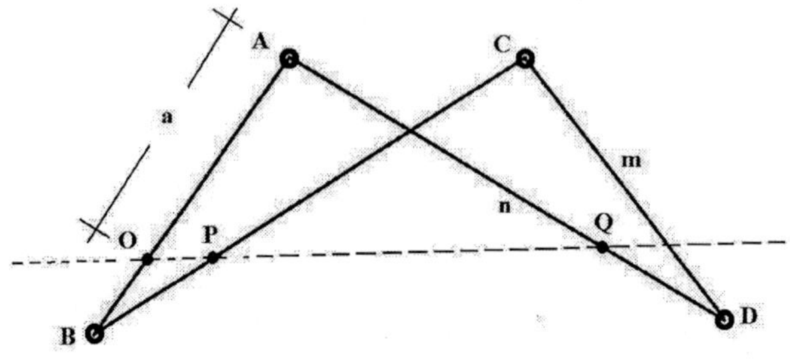

Figura 3.45: O mecanismo de Hart.

movimento, os pontos O, P e Q estarão ainda alinhados, simplesmente devido ao fato de que em qualquer estágio ainda teremos antiparalelogramo e esses pontos estão fixos *nas barras*, de tal modo que a razão $k = \frac{|\overline{AO}|}{|\overline{OB}|} = \frac{|\overline{CP}|}{|\overline{PB}|} = \frac{|\overline{AQ}|}{|\overline{QD}|}$ será mantida.

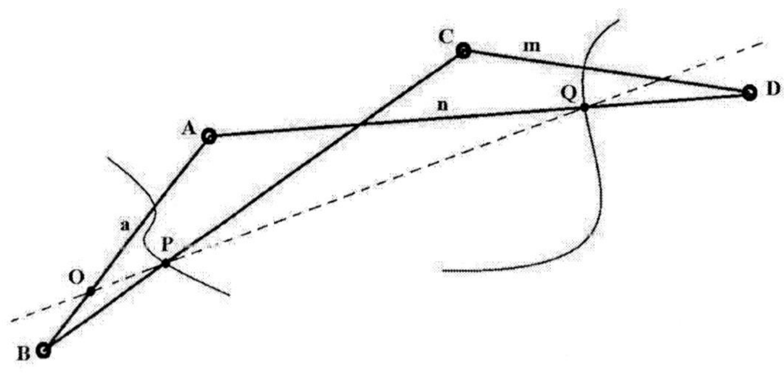

Figura 3.46: O paralelismo $\overline{AC} \parallel \overline{BD}$ será mantido.

Observe também que o paralelismo $\overline{AC} \parallel \overline{BD}$ será igualmente mantido. Ao longo do movimento, a distância h entre as paralelas AC e BD irá variar, mas pode ser usada como auxílio para avaliarmos o produto $|\overline{AC}|.|\overline{BD}|$:

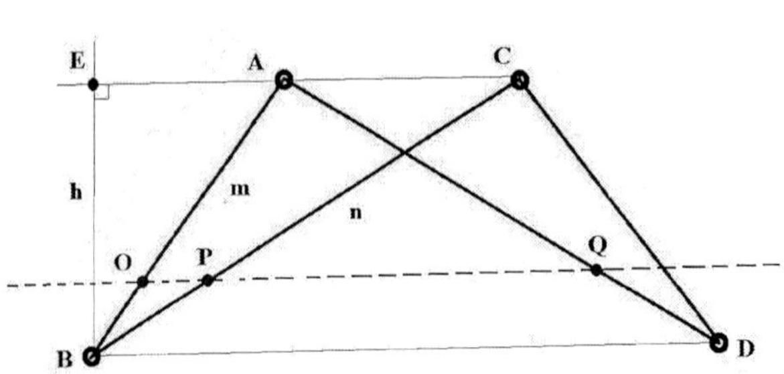

Figura 3.47: Obtenção de $|\overline{AC}|.|\overline{BD}|$.

Na figura 3.47, observe que $|\overline{AC}| = \sqrt{n^2 - h^2} - \sqrt{m^2 - h^2}$. Por outro lado, podemos completar o retângulo $EBDF$ construindo o triângulo retângulo CFD, com hipotenusa $\overline{CD}$, congruente ao triângulo AEB. O que é suficiente para nos indicar que $|\overline{BD}| = \sqrt{n^2 - h^2} + \sqrt{m^2 - h^2}$. Portanto,

$$|\overline{AC}|.|\overline{BD}| = n^2 - m^2. \tag{3.27}$$

Por outro lado, por semelhança de triângulos teremos

$$\frac{|\overline{OP}|}{|\overline{AC}|} = \frac{|\overline{OB}|}{|\overline{AB}|} = \frac{m-a}{m} \Rightarrow |\overline{OP}| = \left(\frac{m-a}{m}\right)|\overline{AC}| \quad \text{e}$$

$$\frac{|\overline{OQ}|}{|\overline{BD}|} = \frac{|\overline{OA}|}{|\overline{AB}|} = \frac{a}{m} \Rightarrow |\overline{OQ}| = \frac{a}{m}.|\overline{BD}|,$$

o que nos diz que

$$|\overline{OP}|.|\overline{OQ}| = \frac{a(m-a)}{m^2}|\overline{AC}|.|\overline{BD}| = \frac{a(m-a)(n^2-m^2)}{m^2}, \tag{3.28}$$

que é uma constante positiva. Segue, então, que os pontos P e Q são inversos um do outro, na inversão de centro O e potência $\frac{a(m-a)(n^2-m^2)}{m^2}$. Em outras palavras, ao fixarmos o ponto O no plano e movermos o ponto P, fazendo-o descrever uma curva $\mathcal{C}$ no plano (figura 3.46, pág. 58), o dispositivo de Hart se move, fazendo o ponto Q descrever a curva $\mathcal{C}'$, inverso da curva $\mathcal{C}$.

Em particular, se o ponto P descreve (por exemplo) um arco de circunferência que passa pelo ponto O, então o ponto Q descreverá um segmento de reta que não passará pelo ponto O.

3.8.2 Mecanismo Inversor de Peaucellier

Sejam m e n dois números reais, com $n > m$. No mecanismo de Peaucellier temos seis hastes, $|PM| = |PN| = |QM| = |QN| = m$, $|\overline{OM}| = |\overline{ON}| = n$, como na figura, com articulações em O, P, Q, M e N.

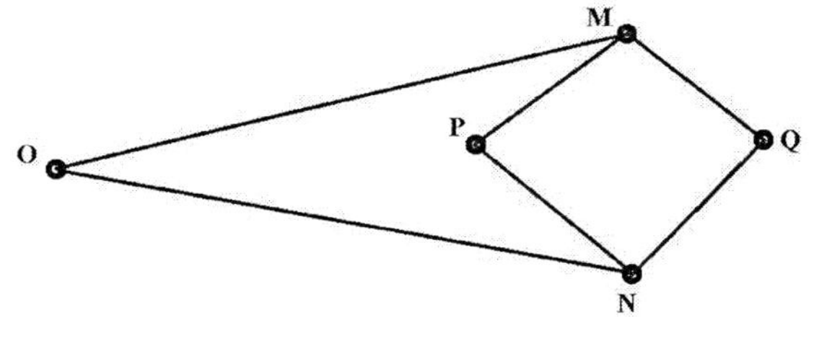

Figura 3.48: Inversor de Peaucellier.

O ponto O é então fixo no plano e o ponto P é solicitado a mover-se nesse plano, fazendo com que o dispositivo se mova e movimente o ponto Q.

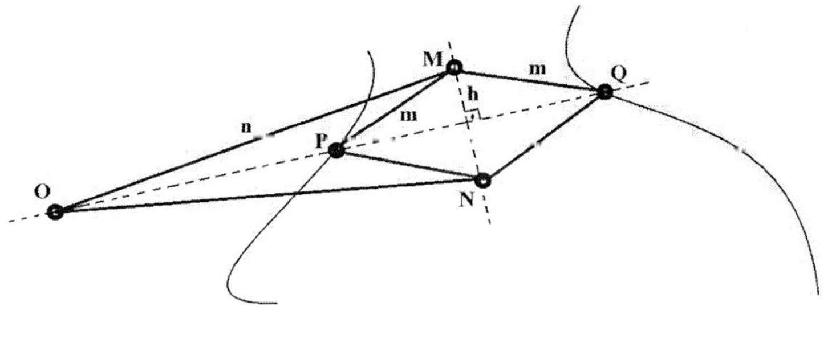

Figura 3.49: O, P e Q se mantém colineares.

É simples, entretanto, mostrar (exercício 2, pág. 60) que em qualquer estágio do movimento os pontos O, P e Q são colineares e os segmentos $\overline{MN}$ e $\overline{PQ}$ (que se interceptam em seus pontos médios) são perpendiculares.

Seja $h = |\overline{MS}|$ como na figura 3.49. Simples aplicação do Teorema de Pitágoras nos permite deduzir que

$$|\overline{OP}| = \sqrt{n^2 - h^2} - \sqrt{m^2 - h^2} \text{ e}$$

$$|\overline{OQ}| = \sqrt{n^2 - h^2} + \sqrt{m^2 - h^2},$$

possibilitando-nos encontrar que

$$|\overline{OP}|.|\overline{OQ}| = n^2 - m^2,$$

que é uma constante.

Segue-se, portanto, que ao fixarmos o ponto O no plano e movermos o ponto P, fazendo-o descrever uma curva $\mathcal{C}$ no plano, o dispositivo de Peaucellier se move, fazendo o ponto Q descrever a curva $\mathcal{C}'$, inverso da curva $\mathcal{C}$, com centro de inversão O e potência de inversão $n^2 - m^2$. Em particular, se o ponto P descreve (por exemplo) um arco de circunferência que passa pelo ponto O, então o ponto Q descreverá um segmento de reta que não passará pelo ponto O.

3.9 Exercícios

1. Seja $ABCD$ um antiparalelogramo com $|\overline{AB}| = |\overline{CD}|$ e $|\overline{AD}| = |\overline{BC}|$. Use congruência de triângulos para mostrar que as diagonais $\overline{AC}$ e $\overline{BD}$ são paralelas. E que, portanto, $ABDC$ é, nessa ordem, um trapézio isósceles.

2. Considere o inversor de Peaucellier como na figura 3.48. Use congruência de triângulos para mostrar que O, P e Q são colineares e os segmentos $\overline{MN}$ e $\overline{PQ}$ se interceptam em seus pontos médios e são perpendiculares.

3. Considere, no plano, a inversão de centro na origem e potência 1. Forneça as coordenadas dos inversos dos pontos $A(2, 0)$, $B(0, 2)$, $C(-2, 0)$ e $D(0, -2)$.

4. Considere, no plano, a inversão de centro na origem e potência 9. Sejam $P(4, 3)$ e $Q(3, 4)$. Obtenha a distância entre P' e Q', os inversos de P e de Q respectivamente.

5. Considere, no plano, a inversão de centro na origem e potência r^2. Seja t uma reta que passa pela origem. Diga quais são os pontos dessa reta que são inversos de si mesmos. Justifique.

6. Mostre que a aplicação de inversão em $\mathbb{R}^*$, como definida no início do texto, é uma *involução*, isto é, $f^2(x) = x \; \forall x \in \mathbb{R}^*$. Conclua a partir daí que a inversão é uma bijeção em $\mathbb{R}^*$.

7. Mostre que os únicos números reais que são seu próprio inverso são 1 e -1.

8. Mostre (analiticamente) que se $x \in \mathbb{R}^*$ é tal que $|x| < 1$ então seu inverso x' satisfaz $|x'| > 1$.

9. Mostre que se x' e y' são os inversos de x e y respectivamente, então temos a seguinte relação entre os comprimentos dos segmentos $\overline{xy}$ e $\overline{x'y'}$:

$$|x' - y'| = \frac{|x - y|}{|xy|}. \tag{3.29}$$

10. Considere a reta $\mathbb{R}$ como subconjunto de $\mathbb{R}^2$ (isto é, cada número real x você irá associar, por exemplo, ao par ordenado $(x, 0)$). Expresse, nesse formato, as coordenadas do inverso do "número" $(a, 0)$, onde $a \neq 0$.

11. Seguindo a ideia da questão 10, obtenha as coordenadas do inverso dos números reais representados pelos seguintes pontos:

    (a) $A(2, 0)$;

    (b) $B(-3, 0)$;

    (c) $C(-1, 0)$;

    (d) $D(\frac{1}{2}, 0)$.

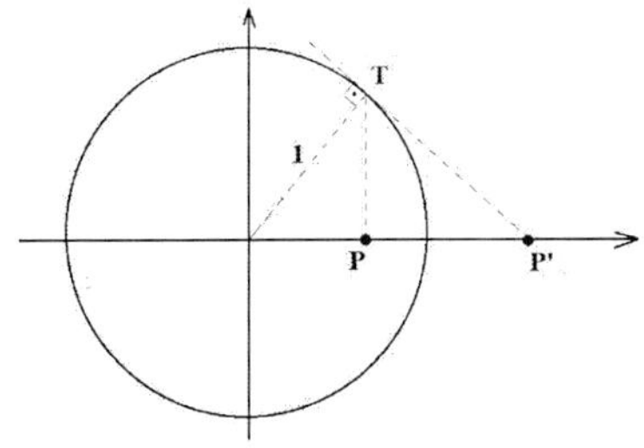

Figura 3.50: Construção para inversão.

12. Justifique a seguinte construção geométrica para a obtenção, a partir do ponto $P(a, 0)$, $a \neq 0$, do ponto P' que, no eixo Ox, representaria o inverso de $a \in \mathbb{R}^*$ (aqui, vamos supor que $a \neq 1$):
    (a) Construamos a circunferência λ, unitária, centrada na origem;
    (b) Por P, traçamos uma perpendicular ao eixo das abscissas, e denotamos por T uma das intersecções com λ;
    (c) Por T, traçamos a tangente a λ. Essa tangente encontrará o eixo das abscissas no ponto procurado.

13. Assim como na questão 12, construa a circunferência de raio r centrada na origem e justifique a construção geométrica para o inverso de um número real $a \neq 0$, com potência r^2.

14. De maneira análoga à questão 9 mostre, para o caso de inversão de potência r^2 em $\mathbb{R}^*$, que se x' e y' são os inversos (com potência r^2) de x e y respectivamente, então temos a seguinte relação entre os comprimentos dos segmentos $\overline{xy}$ e $\overline{x'y'}$:
$$|x' - y'| = r^2 . \frac{|x - y|}{|xy|}, \tag{3.30}$$
uma extensão natural da relação 3.29.

15. Estendendo ainda em $\mathbb{R}^2$ a inversão, podemos fixar $r > 0$ e "mudar o centro de inversão" fixando também um número $x_0 \in \mathbb{R}$, e definir aplicação geral de inversão em $\mathbb{R} - \{x_0\}$ da seguinte forma: Dizemos que x' é o inverso de $x \neq 0$, com potência r^2 e centro x_0, se
$$(x' - x_0)(x - x_0) = r^2. \tag{3.31}$$
Em conexão com isso, prove a seguinte extensão da relação 3.30: se x' e y' são os inversos (com potência r^2 e centro x_0) de x e y respectivamente, então temos a seguinte relação entre os comprimentos dos segmentos $\overline{xy}$ e $\overline{x'y'}$:
$$|x' - y'| = r^2 . \frac{|x - y|}{|x - x_0| . |y - x_0|}. \tag{3.32}$$

16. Obtenha o comprimento do segmento $\overline{x'y'}$, onde x' e y' são respectivamente os inversos (em $\mathbb{R} - \{-2\}$) dos números x e y em $\mathbb{R} - \{-2\}$, com centro -2 e potência 9.

17. Considere, no plano, a inversão de centro P_0 e potência r^2. Mostre que o conjunto dos pontos fixos dessa inversão (ou seja, o conjunto daqueles pontos que são seus próprios inversos) é precisamente a circunferência de inversão.

18. Considere, no plano, a inversão de centro P_0 e potência r^2. Sejam A e B dois pontos no interior do círculo de inversão, e que formam com P_0 um triângulo. Mostre que o quadrilátero $ABB'A'$ é inscritível[6] e que, equivalentemente, os triângulos AP_0B e $B'P_0A'$ são semelhantes, com $\widehat{P_0AB} = \widehat{P_0B'A'}$ e $\widehat{P_0BA} = \widehat{P_0A'B'}$.

19. Estendendo o resultado da questão 18, mostre que os triângulos AP_0B e $B'P_0A'$ são semelhantes, com $\widehat{P_0AB} = \widehat{P_0B'A'}$ e $\widehat{P_0BA} = \widehat{P_0A'B'}$, no caso geral que que A e B formam com P_0 um triângulo, mas não estão necessariamente no interior do círculo de inversão.

[6] Um quadrilátero é *inscritível* quando seus vértices são concíclicos, isto é, quando seus vértices estão todos numa mesma circunferência.

20. Considere, no plano, a inversão de centro P_0 e potência r^2. Sejam A e B dois pontos no interior do círculo de inversão, e que formam com P_0 um triângulo. Se $S(ABC)$ denota a área do triângulo ABC, mostre que as áreas $S(AP_0B)$ e $S(A'P_0B')$ estão entre si como

$$\frac{S(AP_0B)}{S(A'P_0B')} = \left(\frac{|\overline{P_0A}|.|\overline{P_0B}|}{r^2}\right)^2. \tag{3.33}$$

Em particular, se AP_0B for equilátero, com $|\overline{AB}| = \ell$, então $S(A'P_0B') = \frac{r^4\sqrt{3}}{4\ell^2}$.

21. Faça um esboço da inversa da linha curva da figura, com respeito à circunferência de inversão, centrada na origem. As linhas curvas assintotam os eixos (isto é, aproximam-se deles sem nunca tocá-los), e tangenciam a circunferência de inversão.

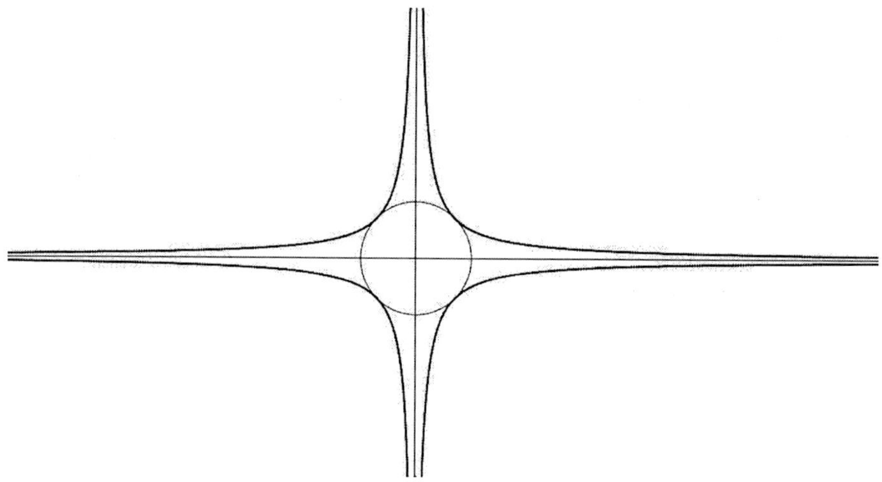

22. Mostre que a aplicação de inversão de centro P_0 e potência r^2 é uma *involução* em $\mathbb{R}^2 - \{P_0\}$, isto é,

$$(P')' = P, \tag{3.34}$$

seja qual for o ponto P do plano, distinto de P_0; Use esse resultado para mostrar que a inversão

$$f : \mathbb{R}^2 - \{P_0\} \to \mathbb{R}^2 - \{P_0\}$$

é uma bijeção.

23. Complete os passos necessários no argumento do texto para mostrar que a inversão de centro P_0 e potência r^2 em $\mathbb{R}^2 - \{P_0\}$ é uma bijeção (isto é, é injetiva e sobrejetiva).

24. Consideremos, em $\mathbb{R}^2$, a inversão de centro P_0 e potência 25. Seja λ uma circunferência ortogonal à circunferência de inversão. Se a distância entre P_0 e o centro de λ é 169, calcule o raio de λ.

25. Consideremos, em $\mathbb{R}^2$, a inversão de centro $O = (0, 0)$ e potência 25. Seja λ a circunferência de centro $C = (3, 0)$ e raio $\eta = 1$. Determine:

    (a) O raio de λ';

    (b) A distância entre o centro de λ' e a origem;

26. Desenhe, no plano, uma circunferência λ interior ao círculo de inversão, mas tangente a ele, bem como sua inversa λ'. Faça isso nos dois casos abaixo:

    (a) λ passa pelo centro de inversão;

    (b) λ não passa pelo centro de inversão.

27. Consideremos, em $\mathbb{R}^2$, a inversão de centro P_0 e potência r^2, e seja λ uma circunferência que *não* passa por P_0.

    Seja C_0 o centro de λ. Se $C_0 \equiv P_0$, mostre que λ' é a circunfrência de centro P_0 e raio

    $$\rho = \frac{r^2}{\eta},$$

    onde η é a medida do raio de λ.

28. Considere, no plano, a inversão de centro na origem e potência r^2. Desenhe uma reta tangente à circunferência de inversão, e desenhe também a figura inversa dessa reta.

29. Considere, no plano, a inversão de centro na origem e potência 9. Seja λ uma circunferência de raio 1 e que passa pela origem. Encontre a distância da origem até a reta λ', a inversa de λ.

30. Nas figuras abaixo, a circunferência pontilhada é a circunferência de inversão. Em cada caso, desenhe a inversa da figura em linha cheia.

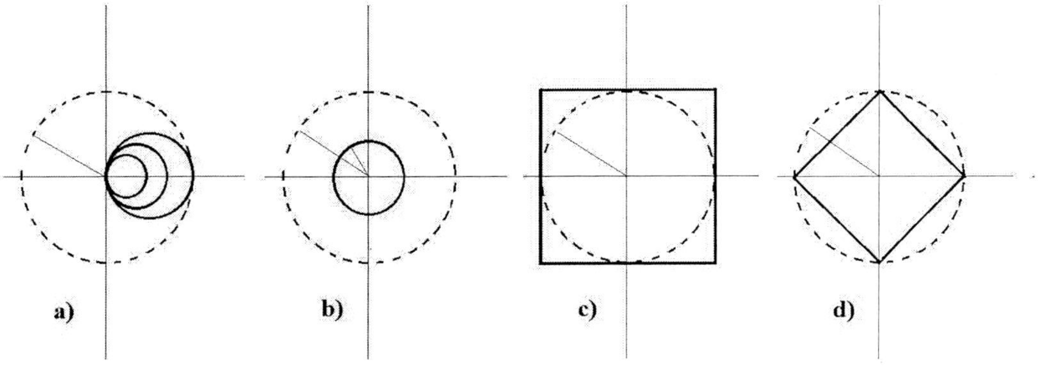

a) b) c) d)

31. Consideremos, em $\mathbb{R}^2$, a inversão de centro P_0 e potência r^2, e seja A um ponto distinto de P_0. Nesse caso a distância d entre P_0 e A é não nula.

    Seja Q um ponto qualquer da circunferência λ de diâmetro P_0A', distinto dos dois extremos desse diâmetro. Observe que o ângulo P_0QA' é reto. Use a semelhança entre os triângulos QP_0A e $A'P_0Q'$ (ver questão 19, pág. 61) para garantir que o ponto Q' está na reta t que passa por A e é perpendicular a P_0A'.

32. Sobre a situação da questão 31, mostre que o raio η de λ é dado por

    $$\eta = \frac{r^2}{2d}.$$

33. Mostre que se P é um ponto na intersecção das figuras $\mathcal{F}$ e $\mathcal{G}$, então seu inverso P' é tal que $P' \in \mathcal{F}' \cap \mathcal{G}'$, ou seja, estará na intersecção dos inversos dessas figuras.

34. Consideremos, em $\mathbb{R}^2$, a inversão de centro P_0 e potência r^2, e seja λ uma circunferência que *não* passa por P_0.

    Seja C_0 o centro de λ. Se $C_0 \equiv P_0$, mostre que λ' é a circunfrência de centro P_0 e raio

    $$\rho = \frac{r^2}{\eta}.$$

35. Com referência à figura 3.51, use a questão 19 (pág. 61) para garantir as igualdades $\widehat{P_0BP} = \widehat{P_0P'B'}$ e $\widehat{P_0AP} = \widehat{P_0P'A'}$.

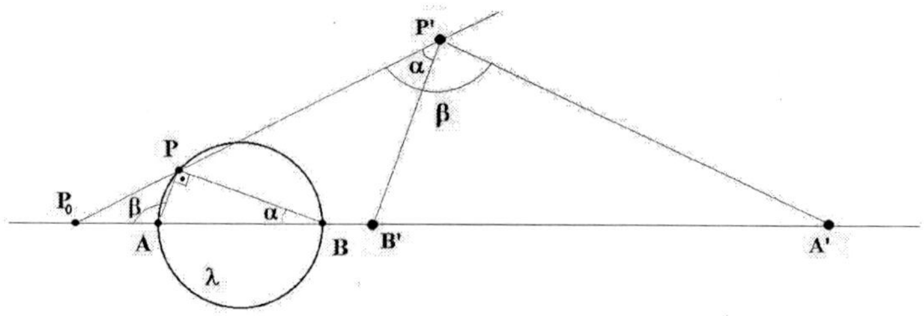

Figura 3.51: Circunferência que não passa pelo centro de inversão. Aqui, por simplicidade, não foi representada a circunferência de inversão.

36. No caso específico de uma circunferência que é invertida em outra circunferência, é correto afirmar que o produto de seus raios é sempre a potência de inversão? Justifique.

37. Mostre por que uma circunferência ortogonal à circunferência de inversão não pode passar pelo centro de inversão.

38. Considere a inversão em $\mathbb{R}^2$ de centro P_0 e potência r^2. Seja λ uma circunferência de raio η e centro P_0. Determine λ'.

39. Considere a inversão em $\mathbb{R}^2$ de centro P_0 e potência r^2. Seja λ outra circunferência de raio r, tangente exteriormente à circunferência de inversão. Sabemos que λ' é uma outra circunferência. Determine a distância entre λ' e P_0.

Capítulo 4

Ângulos entre Curvas. A Conformidade da Inversão

4.1 Ângulo entre curvas

De acordo com o que mencionamos no início deste livro, muito do que será tratado aqui receberá uma primeira roupagem propositadamente intuitiva, para ganhar tempo e não obscurecer o acesso às ideias principais. Desta forma, por exemplo, assumiremos aqui a noção nada rigorosa de que, quando certa curva admitir reta tangente em um de seus pontos P, então uma tal reta poderá ser pensada como a posição limite definida por dois pontos dessa curva quando vão ficando arbitrariamente próximos entre si, um deles sendo P.

Essas imprecisões, no entanto, serão apenas momentâneas. Na Parte 2, faremos a explanação rigorosa que definirá curva suave e tangente, inclusive para dimensões arbitrárias. Isso requer algum cálculo diferencial, poderosa ferramenta que no momento não se faz necessária.

Outra noção elaborada, sobre a qual não discorreremos, é a de convexidade. É ela que nos permite garantir, por exemplo, que tangentes a uma circunferência são retas que a tocam em um único ponto - o que, evidentemente, não é verdade para todas as curvas. Segue-se facilmente daí que uma tangente a uma circunferência é perpendicular ao raio no ponto de contato.

Quando duas curvas se interceptam num ponto no qual ambas admitem tangentes, o ângulo entre elas é definido como o ângulo entre suas respectivas tangentes naquele ponto. Geralmente é considerada a *menor* determinação.

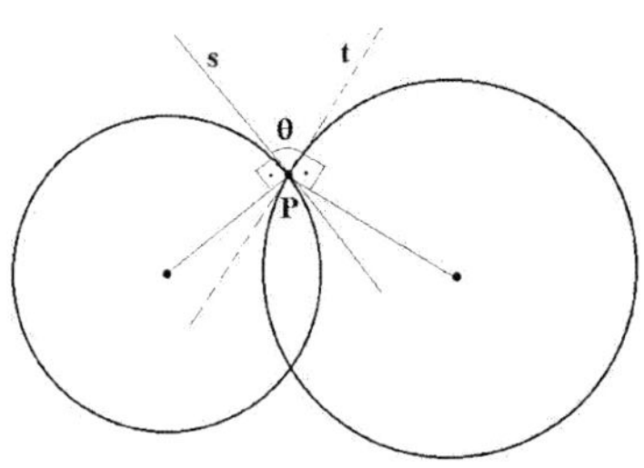

Figura 4.1: Duas circunferências secantes. Em um dos pontos de intersecção (P) vemos as duas respectivas tangentes (s em linha cheia e t em linha pontilhada), que devem, portanto, ser perpendiculares aos raios nesse ponto.

Um caso particular de extremo interesse é quando o ângulo entre as circunferências é reto. Em tal situação as circunferências são ditas *ortogonais*. Nesse caso as tangentes passam pelos centros das circunferências, e verifica-se uma simples e importante relação: se d é a distância entre os centros e r_1 e r_2 são os raios, então

$$d^2 = r_1^2 + r_2^2.$$

Em particular, teremos que d é maior que qualquer um dos raios.

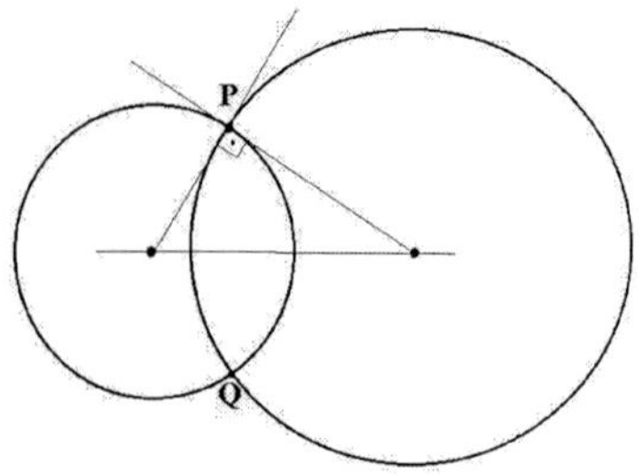

Figura 4.2: Circunferências ortogonais. As tangentes no ponto P também passarão pelos centros. No outro ponto de encontro (Q), as tangentes também serão perpendiculares.

4.2 A conformidade da inversão geométrica

4.2.1 O Significado do Termo

Dizer que a inversão é uma transformação conforme significa dizer que, se duas curvas $\mathcal{C}_1$ e $\mathcal{C}_2$ do plano se inteceptam num ponto P, e se nesse ponto suas respectivas tangentes (quando defindas) formam um ângulo θ entre si, então as curvas *inversas* $\mathcal{C}_1'$ e $\mathcal{C}_2'$ (que se encontram em P') são tais que suas tangentes nesse ponto fazem entre si o *mesmo* ângulo θ. Em linguagem mais comum e sucinta, uma aplicação conforme é uma aplicação que preserva ângulos entre curvas que se interceptam.

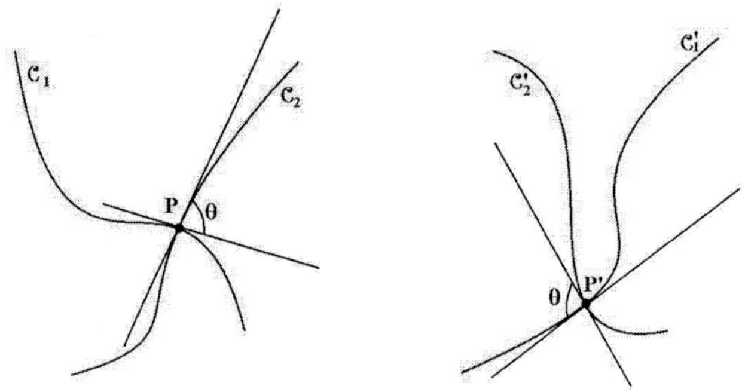

Figura 4.3: A conformidade: preservação de ângulos entre curvas que se interceptam.

4.2.2 A Conformidade da Inversão em $\mathbb{R}^2$

Para constatarmos que a inversão em $\mathbb{R}^2$ é uma transformação conforme, consideremos nesse ambiente a inversão de centro P_0 (e qualquer potência de inversão), e duas curvas $\mathcal{C}_1$ e $\mathcal{C}_2$ que se interceptam num ponto $P \neq P_0$. Seja t a reta determinada por P_0 e P_0. Observe que t passa necessariamente por P', onde, aliás, as curvas inversas $\mathcal{C}_1'$ e $\mathcal{C}_2'$ se encontram.

O raciocínio que faremos agora, para $\mathbb{R}^2$, pode perfeitamente ser tornado rigoroso e geral para os espaços euclidianos $\mathbb{R}^n$, $2 \leq n \in \mathbb{N}$. Isso será feito na parte 2 destas notas.

Admitamos que uma reta $u \neq t$, passando por P, intercepta $\mathcal{C}_1$ e $\mathcal{C}_2$ nos pontos A e B, respectivamente. Então a mesma reta u interceptará $\mathcal{C}_1'$ e $\mathcal{C}_2'$ em A' e B', respectivamente.

Temos, portanto, as retas PA, secante a $\mathcal{C}_1$, e PB, secante a $\mathcal{C}_2$, assim como as retas $P'A'$ e $P'B'$ são secantes a $\mathcal{C}_1'$ e a $\mathcal{C}_2'$ respectivamente. Sejam α o ângulo entre PA e PB, e β o ângulo entre $P'A'$ e $P'B'$.

Denotemos por γ e por δ as medidas dos ângulos $\widehat{P_0AP}$ e $\widehat{P_0BP}$, respectivamente. Pelas considerações do exercício 19 (pág. 61), podemos afirmar que $\widehat{P_0P'A'} = \gamma$ e que $\widehat{P_0P'B'} = \delta$.

Observemos agora, no triângulo APB, que $\gamma = \alpha + \delta$. Daí se conclui imediatamente que $\beta = \alpha$.

O que acabamos de constatar foi que, fixando a reta t e fazendo variar a posição da reta u que passa por P_0, o ângulo entre as retas $P'A'$ e $P'B'$, secantes respectivamente a $\mathcal{C}_1'$ e a $\mathcal{C}_2'$, será o mesmo ângulo entre as secantes PA e PB, a $\mathcal{C}_1$ e a $\mathcal{C}_2$, respectivamente.

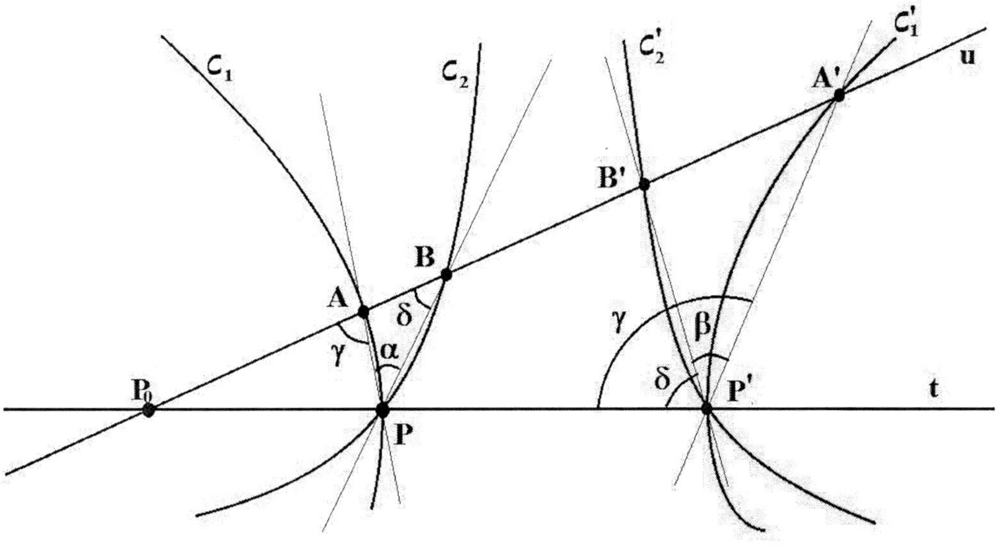

Figura 4.4: Quando u gira em torno de P_0 na direção de t, as secantes tendem às respectivas tangentes.

É razoável esperarmos que, caso $\mathcal{C}_1$ admita uma tangente em P, então à medida em que a reta u "gira" em torno de P_0 na "direção" de t o ponto A "caminha" sobre $\mathcal{C}_1$ na direção de P_0. Como a tangente a $\mathcal{C}_1$ em P é o limite (quando existe) das secantes PA com $A \to P$, então a situação de tangência ocorrerá quando $u \to t$. Mesmas considerações, evidentemente, podem ser feitas quanto às retas PB, $P'A'$ e $P'B'$.

Ora, uma vez que em qualquer estágio (qualquer posição da reta u que passa por P_0) os ângulos entre as secantes em P' é o mesmo ângulo entre as secantes em P, então concluimos que no caso limite o ângulo entre as tangentes, em P', a $\mathcal{C}'_1$ e a $\mathcal{C}'_2$, será o mesmo ângulo entre as tangentes, em P, a $\mathcal{C}_1$ e a $\mathcal{C}_2$.

Exemplo 4.1. *Na figura 4.5 temos uma inversão de centro P_0, que inverte as retas concorrentes s e t em duas circunferências s' e t', cujas tangentes em P' fazem entre si um ângulo de mesma medida que o ângulo entre s e t. Note que as circunferências s' e t' possuem* dois *pontos em comum. Um deles (P_0) corresponde ao encontro entre as reta s e t "no infinito".*

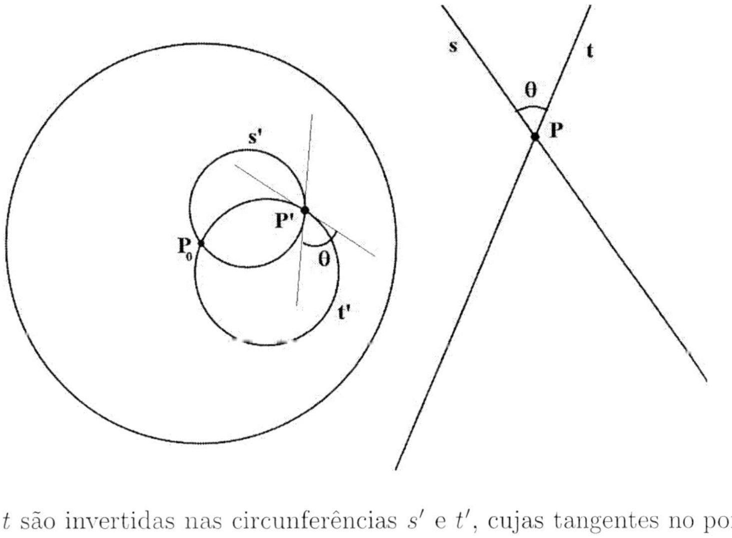

Figura 4.5: As retas s e t são invertidas nas circunferências s' e t', cujas tangentes no ponto P' fazem entre si um ângulo de mesma medida que o ângulo entre s e t.

4.3 Exercícios

1. Sejam λ_1 e λ_2 duas circunferências secantes, e sejam P e Q os pontos de intersecção. Mostre que o ângulo entre as tangentes em P é o mesmo ângulo entre as tangentes em Q.

2. Sejam λ_1 e λ_2 duas circunferências ortogonais. Se P é um dos pontos comuns entre elas, mostre que as tangentes em P passam cada uma por um centro.

3. Sejam λ_1 e λ_2 duas circunferências ortogonais de raios r_1 e r_2 respectivamente. Se d é a distância entre os centros, mostre que
$$d^2 = r_1^2 + r_2^2.$$

Capítulo 5

Potência de Ponto, Eixo e Centro Radicais

Ainda que o conteúdo desta seção pertença ao escopo da geometria plana *elementar*, vamos aqui tomar o cuidado de expô-lo metodicamente desde o início. Devido à importância do tópico enquanto ferramenta para a obtenção de alguns importantes resultados que logo passaremos a ver, acreditamos que vale a pena tomar esse cuidado.

Definição 5.1. *Seja λ uma circunferência de centro O e raio r, e seja P um ponto qualquer do plano de λ. Definimos a potência de P com respeito a λ, e denotamos por $\mathcal{P}_{P;\lambda}$, a quantidade*

$$\mathcal{P}_{P;\lambda} = |\overline{OP}|^2 - r^2.$$

Assim, por exemplo, se um certo ponto P distar 5 unidades do centro de uma circunferência λ de raio 3 unidades, então $\mathcal{P}_{P;\lambda} = 16$.

Da definição (5.1) segue imediatamente que a potência, com respeito a λ, de qualquer ponto *pertencente à circunferência* λ, é zero.

Observação 5.1. *De acordo com a definição* (5.1), *a potência de um ponto poderá assumir valores negativos (é o caso, por exemplo, daqueles pontos Q que estiverem no* interior *do círculo - pois $|OQ| < r$). É comum, na literatura, considerar-se a potência de um ponto P como sendo $\mathcal{P}_{P;\lambda} = ||\overline{OP}|^2 - r^2|$ - o* módulo *da quantidade que exibimos na definição acima - o que tornaria esse número sempre positivo. Entretanto, continuaremos aqui a usar a definição que adotamos, segundo a qual a potência será estritamente positiva, nula ou estritamente negativa, caso o ponto seja exterior, esteja sobre a circunferência ou seja interior, respectivamente.*

Apesar da definição um tanto algébrica que fornecemos, potência de ponto é carregada de um apelo fortemente geométrico.

Considere primeiramente um ponto P *exterior* à circunferência λ de centro O e raio r. Por esse ponto, tracemos duas secantes *quaisquer*, uma delas tocando λ nos pontos A e B, e a outra nos pontos C e D.

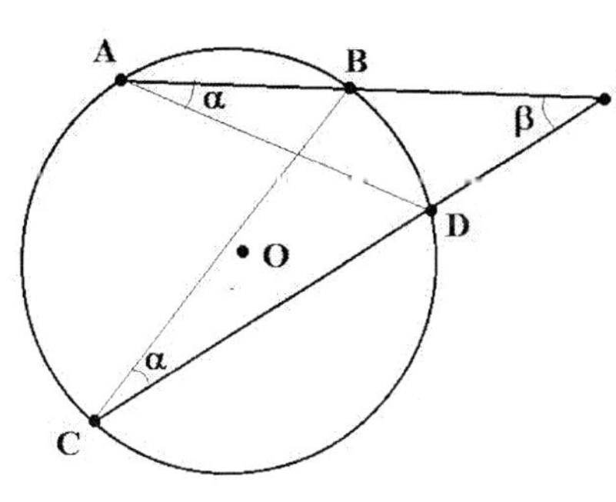

Figura 5.1: Potência de um ponto P exterior a λ.

Da geometria plana elementar, sabemos que ângulos inscritos correspondentes ao mesmo arco são congruentes. Segue, portanto, que os ângulos inscritos $\widehat{BAD}$ e $\widehat{BCD}$ são congruentes, por estarem ambos correspondendo a um mesmo arco BD.

Então os triângulos PAD e PCB são semelhantes, pois seus ângulos internos são respectivamente congruentes.

Tal semelhança, como sabemos, pode ser expressa por exemplo como

$$\frac{|\overline{PB}|}{|\overline{PD}|} = \frac{|\overline{PC}|}{|\overline{PA}|},$$

o que nos remete a

$$|\overline{PA}|.|\overline{PB}| = |\overline{PC}|.|\overline{PD}|. \tag{5.1}$$

A relação (5.1) nos informa que, dada qualquer secante a λ passando pelo ponto P, o produto das distâncias de P aos dois pontos de intersecção com λ é sempre o mesmo.

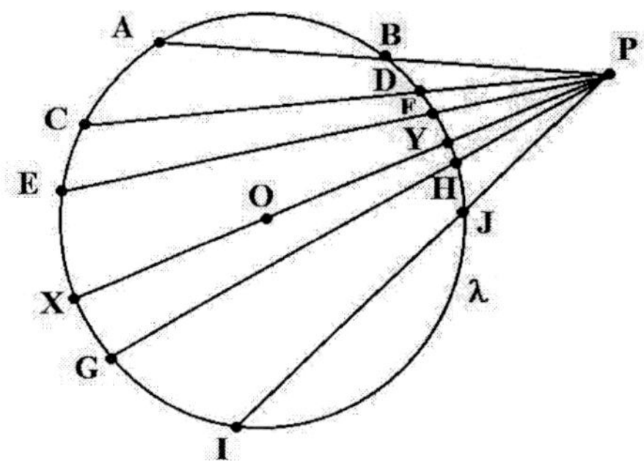

Figura 5.2: O produto das distâncias aos dois pontos de intersecção é sempre o mesmo.

Assim, na figura 5.2 temos as igualdades

$$|\overline{PA}|.|\overline{PB}| = |\overline{PC}|.|\overline{PD}| = |\overline{PE}|.|\overline{PF}| = |\overline{PX}|.|\overline{PY}| = |\overline{PG}|.|\overline{PH}| = |\overline{PI}|.|\overline{PJ}|,$$

e qualquer que seja a secante por P, esse produto irá se manter.

Em particular, se mantém para essa secante que passa pelo centro e, portanto, intercepta λ nos dois pontos diametralmente opostos X e Y. Esse produto, que se mantém constante, pode efetivamente ser calculado:

$$\begin{aligned} |\overline{PX}|.|\overline{PY}| &= (|\overline{PO}| + r).(|\overline{PO}| - r) \\ &= |\overline{PO}|^2 - r^2. \end{aligned}$$

Isto é: esse produto que se mantém constante é precisamente a potência de P com respeito a λ.

Há um caso extremo bem simples, que ocorre quando por esse ponto externo se traça também uma *tangente* ao círculo.

Seja T um de tais pontos de tangência. Uma vez que uma tangente a um círculo é perpendicular ao raio no ponto de contato, o triângulo OTP será retângulo e o Teorema de Pitágoras nos informa então que $|\overline{PO}|^2 = r^2 + |\overline{PT}|^2$, ou seja,

$$|\overline{PO}|^2 - r^2 = |\overline{PT}|^2 = \mathcal{P}_{P;\lambda}.$$

Em vista disso, podemos então dizer que

> A potência $\mathcal{P}_{P;\lambda}$ de um ponto exterior a uma circunferência λ é igual ao produto das distâncias de P aos dois pontos de contato de uma secante *qualquer* por esse ponto, e é também igual ao quadrado do comprimento de uma tangente por esse ponto.

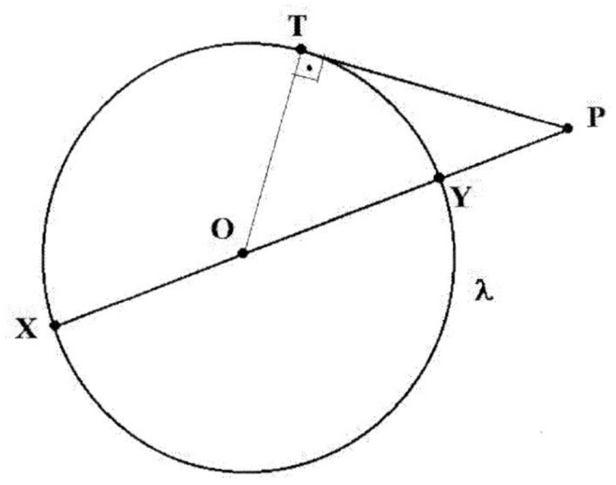

Figura 5.3: $|\overline{PO}|^2 - r^2 = |\overline{PT}|^2$.

Neste momento, lembramos que se P está sobre a circunferência λ então, pela própria Definição 5.1, a potência $\mathcal{P}_{P;\lambda}$ será nula.

Vamos agora apresentar uma visualização geométrica relacionada com a potência de um ponto *interior* ao círculo.

Lembramos também que, ao longo deste texto, iremos cometer o abuso de denotar pelo mesmo símbolo tanto o círculo quanto a circunferência desse círculo.

Consideremos um ponto P interior a um círculo λ, e por esse ponto tracemos duas secantes, uma delas interceptando λ nos pontos A e B, e outra nos pontos C e D (ver figura 5.4).

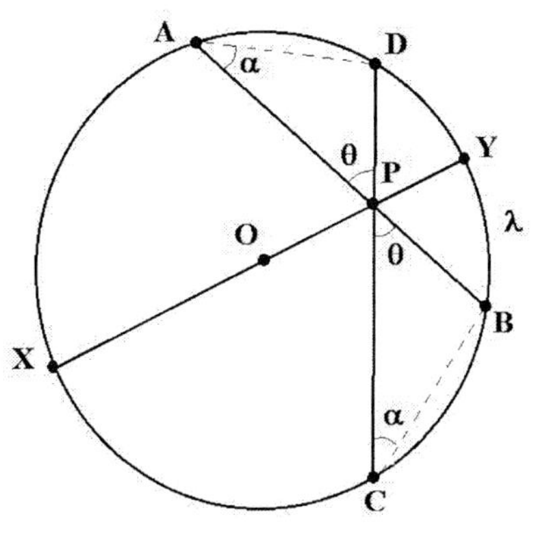

Figura 5.4: $|\overline{PA}|.|\overline{PB}| = |\overline{PC}|.|\overline{PD}| = |\overline{PX}|.|\overline{PY}|$.

Observemos que os ângulos $\widehat{BAD}$ e $\widehat{DCB}$ são congruentes (por serem ângulos inscritos correspondentes ao mesmo arco BD), e que os ângulos $\widehat{APD}$ e $\widehat{CPB}$, por serem opostos pelo vértice, são também congruentes.

Segue que (por soma de valores angulares) os *triângulos* APD e CPB serão *semelhantes*, por possuirem os ângulos internos respectivamente congruentes.

Donde obtemos $\frac{|\overline{PA}|}{|\overline{PC}|} = \frac{|\overline{PD}|}{|\overline{PB}|}$, o que em outras palavras é

$$|\overline{PA}|.|\overline{PB}| = |\overline{PC}|.|\overline{PD}|.$$

Mas isso significa que, dado um ponto P interior a λ então, *seja qual for* a secante passando por P, o produto das distâncias desse ponto aos pontos de intersecção com λ será sempre o mesmo.

Em particular, se X e Y são os dois pontos diametralmente opostos nos quais a reta OP intercepta[1] λ, então

[1]Evidentemente, estamos supondo aqui que o ponto interior P seja diferente do centro O.

esse produto que se conserva será também igual a

$$\begin{aligned} |\overline{PX}|.|\overline{PY}| &= (r + |\overline{OP}|).(r - |\overline{OP}|) \\ &= r^2 - |OP|^2 \\ &= -\mathcal{P}_{P;\lambda}, \end{aligned}$$

onde $r = |\overline{OX}| = |\overline{OY}|$ é o raio de λ, e o sinal negativo aqui deve-se simplesmente à maneira como definimos a potência de ponto (ver Definição 5.1).

Podemos assim afirmar que

> Se P é um ponto interior a λ, então o valor absoluto de $\mathcal{P}_{P;\lambda}$ é o produto das distâncias desse ponto aos pontos de intersecção, com λ, de qualquer secante contendo P.

Observação 5.2. *Para o caso de $P \equiv O$ (ou seja, quando o ponto interior P for o próprio centro de λ) então, de acordo com nossa definição,*

$$\mathcal{P}_{P;\lambda} = |OP| - r^2 = -r^2.$$

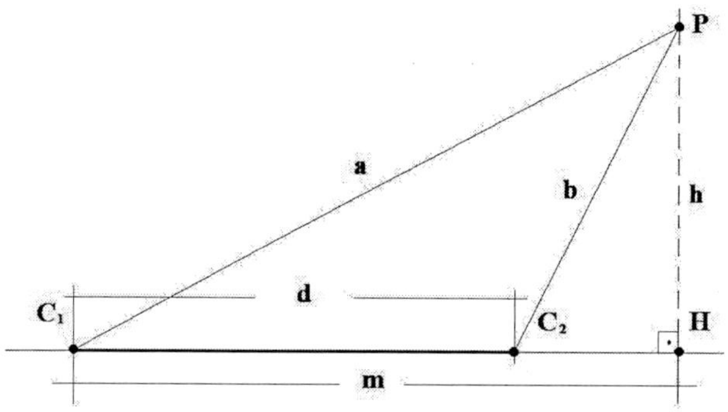

Figura 5.5: Haveria um ponto P equipotente com respeito a ambas?

Consideremos agora duas circunferências λ_1 e λ_2, de centros *distintos* C_1 e C_2 e raios r_1 e r_2 respectivamente, e verifiquemos a possibilidade de existência de um ponto P equipotente com respeito a ambas, isto é, tal que

$$\mathcal{P}_{P;\lambda_1} = \mathcal{P}_{P;\lambda_2}.$$

Chamemos de a e de b as distâncias de P aos centros C_1 e C_2 respectivamente, e de d a distância entre esses centros (ver figura 5.5). Observe então que a situação de equipotência se traduzirá como

$$a^2 - r_1^2 = b^2 - r_2^2,$$

o que reescreveremos como

$$a^2 - b^2 = r_1^2 - r_2^2. \tag{5.2}$$

Vamos primeiramente supor P fora da reta dos centros (a reta C_1C_2).

Pelo ponto P, baixemos a perpendicular a essa reta, que a encontrará em um ponto H. Chamemos de m a distância entre C_1 e H, e de h a distância entre P e H.

O Teorema de Pitágoras no triângulo PHC_1 nos dá $a^2 = m^2 + h^2$, ou seja,

$$h^2 = a^2 - m^2.$$

Analogamente, no triângulo retângulo PHC_2 teremos

$$\begin{aligned} h^2 &= b^2 - (d - m)^2 \\ &= b^2 - d^2 + 2dm - m^2. \end{aligned}$$

Como essas duas relações exprimem o mesmo valor (h^2), podemos igualá-las:

$$a^2 - m^2 = b^2 - d^2 + 2dm - m^2.$$

Isso nos fornece

$$a^2 - b^2 = -d^2 + 2dm. \tag{5.3}$$

Comparando as relações (5.2) e (5.3), chegamos em

$$r_1^2 - r_2^2 = -d^2 + 2dm,$$

o que nos fornece a relação

$$m = \frac{d^2 + r_1^2 - r_2^2}{2d}. \tag{5.4}$$

O mais importante aqui é observarmos que a relação (5.4), para a distância de C_1 ao ponto H, depende *apenas* dos tamanhos das circunferências e das distâncias entre seus centros.

O que significa isso? Se P é um ponto qualquer do plano que é equipotente a λ_1 e a λ_2, então ele fatalmente estará na perpendicular à reta dos centros (reta essa que denotaremos momentaneamente por e_{12}), e a distância entre C_1 a tal reta é determinada simplesmente pela posição relativa dessas circunferências, bem como por seus tamanhos.

Outra coisa que podemos imediatamente depreender do que obtivemos acima foi que um tal ponto P de fato existe, isto é, existe de fato (pelo menos) um ponto equipotente com respeito a λ_1 e a λ_2.

De fato, se P for um ponto qualquer sobre a reta e_{12} (a reta que dista $m = \frac{d^2+r_1^2-r_2^2}{2d}$ do centro C_1), então o Teorema de Pitágoras nos dois triângulos retângulos da figura 5.5 novamente nos fornece

$$a^2 - m^2 = b^2 - (d - m)^2$$

o que nos dará

$$a^2 = b^2 - d^2 + 2dm$$

e então, aplicando nessa relação o valor de m, obtém-se

$$a^2 = b^2 + r_1^2 - r_2^2,$$

isto é,

$$a^2 - r_1^2 = b^2 - r_2^2$$

o que expressa que P é de fato equipotente com respeito a λ_1 e a λ_2.

Outra forma de expressarmos o que constatamos acima é declarando o seguinte:

> Dadas duas circunferências λ_1 e λ_2, de centros *distintos* C_1 e C_2, o conjunto dos pontos equipotentes com respeito a λ_1 e a λ_2 é uma reta e_{12} perpendicular à reta C_1C_2 (a reta dos centros).

Veja que com isso encontramos também que *todo* ponto equipotente com respeito a λ_1 e a λ_2 está nessa reta, e que *nenhum* ponto de fora dessa reta poderá ser equipotente com respeito a λ_1 e a λ_2.

Chamaremos tal reta e_{12} de *eixo radical* das circunferências λ_1 e λ_2.

Passemos agora a visualizar, caso a caso, como serão as posições do eixo radical.

5.1 Circunferências Exteriores

Sejam λ_1 e λ_2 circunferências exteriores (isto é, cada uma contida no exterior da outra). Observe que isso é a mesma coisa que dizer que a distância d entre seus centros C_1 e C_2 é maior que a soma de seus raios r_1 e r_2: $d > r_1 + r_2$. Em particular, temos $d - r_1 > r_2$ e, portanto,

$$(d - r_1)^2 + r_2^2 > 0.$$

Usando agora o valor de m obtido, podemos encontrar que

$$\begin{aligned} m - r_1 &= \frac{d^2 + r_1^2 - r_2^2}{2d} = r_1 \\ &= \frac{d^2 + r_1^2 - 2dr_1 - r_2^2}{2d} \\ &= \frac{(d - r_1)^2 - r_2^2}{2d} \end{aligned}$$

e, como $(d - r_1)^2 + r_2^2 > 0$, tem-se então

$$m - r_1 > 0.$$

Por outro lado, ao investigarmos o sinal de $d - m$ veremos que

$$\begin{aligned} d - m &= d - \frac{d^2 + r_1^2 - r_2^2}{2d} \\ &= \frac{2d^2 - d^2 - r_1^2 + r_2^2}{2d} \\ &= \frac{d^2 - r_1^2 + r_2^2}{2d}. \end{aligned}$$

Porém, uma vez que $d > r_1 + r_2$, então $d^2 > (r_1 + r_2)^2$ e, portanto,

$$\begin{aligned} d - m &= \frac{d^2 - r_1^2 + r_2^2}{2d} \\ &> \frac{(r_1 + r_2)^2 - r_1^2 + r_2^2}{2d} \\ &= \frac{2r_2(r_1 + r_2)}{2d} \\ &> 0, \end{aligned}$$

ou seja, $d - m > 0$.
Assim sendo, no caso de circunferências exteriores temos

$$r_1 < m < d.$$

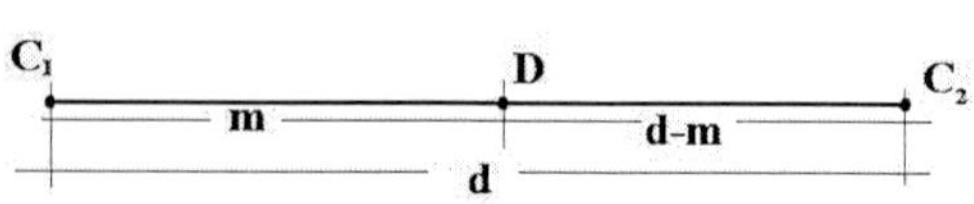

Figura 5.6: D é equipotente com respeito a λ_1 e a λ_2.

Devido à relação acima, é possível tomarmos um ponto D *entre* C_1 e C_2 (ver figura 5.6), cuja distância a C_1 seja precisamente m.
Acontece que esse ponto D, no interior do segmento C_1C_2, é equipotente com respeito a λ_1 e a λ_2.

Para verificarmos isso, basta que mostremos que

$$m^2 - r_1^2 = (d-m)^2 - r_2^2.$$

Mas, isso é extremamente simples pois, de $m = \frac{d^2+r_1^2-r_2^2}{2d}$, teremos sucessivamente que

$$2dm = d^2 + r_1^2 - r_2^2,$$

$$2dm + m^2 = d^2 + r_1^2 - r_2^2 + m^2,$$

$$m^2 - r_1^2 = d^2 - 2dm + m^2 - r_2^2,$$

$$m^2 - r_1^2 = (d-m)^2 - r_2^2.$$

Então D é de fato equipotente com respeito às duas circunferências.
Assim sendo, D está no eixo radical e_{12}, e então a presente situação se assemelha à da figura 5.7.

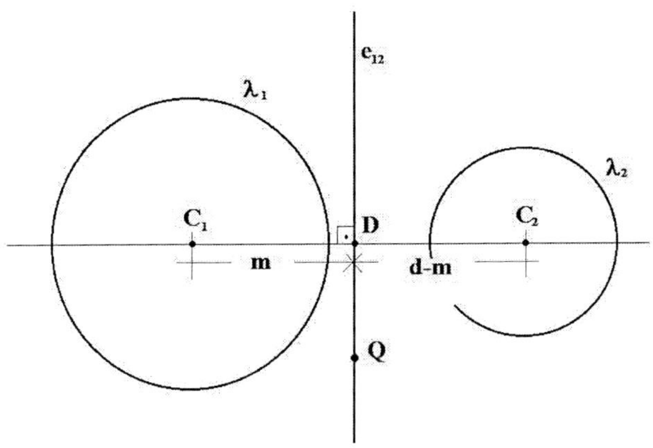

Figura 5.7: A posição do eixo radical, para o caso de duas circunferências exteriores.

Segue imediatamente da expressão de m que, se os raios das circunferências exteriores forem iguais, então o eixo radical passa pelo ponto médio do segmento $\overline{C_1C_2}$.

O caso em que λ_1 e λ_2 são tangentes exteriormente é até mais simples.

5.2 Circunferências Tangentes Exteriormente

Se λ_1 e λ_2 são tangentes exteriormente (digamos, em um ponto T), então a distância d entre seus centros C_1 e C_2 é precisamente igual à soma de seus raios:

$$d = r_1 + r_2.$$

Por outro lado, observe que T é equipotente com respeito a ambas (potência zero). Logo, o eixo radical passa por T, e a situação é como na figura 5.8.

Observe que isso vai de acordo com o que obteríamos pela expressão de $m = \frac{d^2+r_1^2-r_2^2}{2d}$ aplicando $d = r_1 + r_2$, pois isso nos daria

$$m = r_1.$$

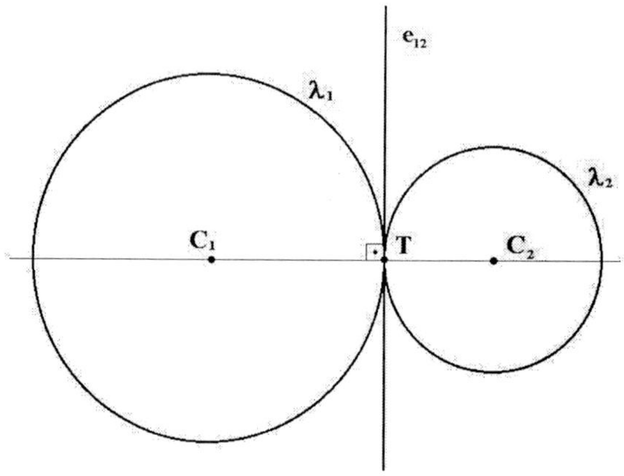

Figura 5.8: O eixo radical de duas circunferências tangentes exteriormente.

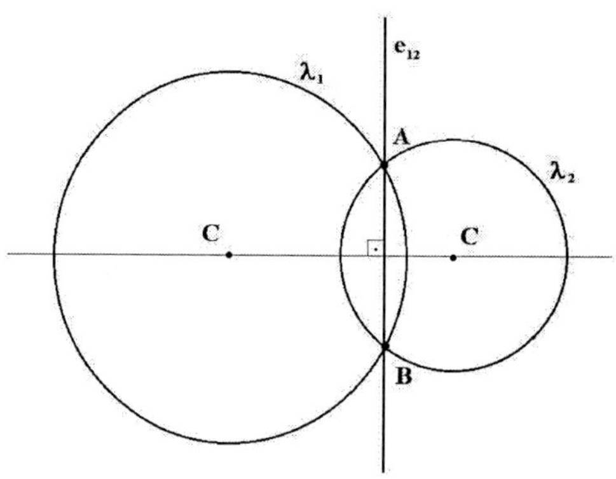

Figura 5.9: O eixo radical de duas circunferências secantes.

5.3 Circunferências Secantes

Se λ_1 e λ_2 forem secantes, denotemos por A e B os dois pontos em que elas se intersectam. É um fato bem conhecido da geometria plana elementar que a reta determinada por A e B é perpendicular à reta dos centros C_1C_2.

Além disso, como A e B são equipotentes com respeito a ambas (potência zero, nos dois casos), então essa perpendicular que contém A e B é precisamente o eixo radical e_{12}.

5.4 Circunferências Tangentes Interiormente

No caso da tangência interior o ponto T de tangência é equipotente com respeito a ambas as circunferências, e assim, mais uma vez, o eixo radical será a reta perpendicular à reta dos centros, e que passa pelo ponto T.

Observe que neste caso a distância d entre os centros é dada por

$$d = r_1 - r_2$$

(aqui, estamos evidentemente considerando $r_1 > r_2$) e então a expressão para $m = \frac{d^2+r_1^2-r_2^2}{2d}$ nos fornecerá

$$m = r_1.$$

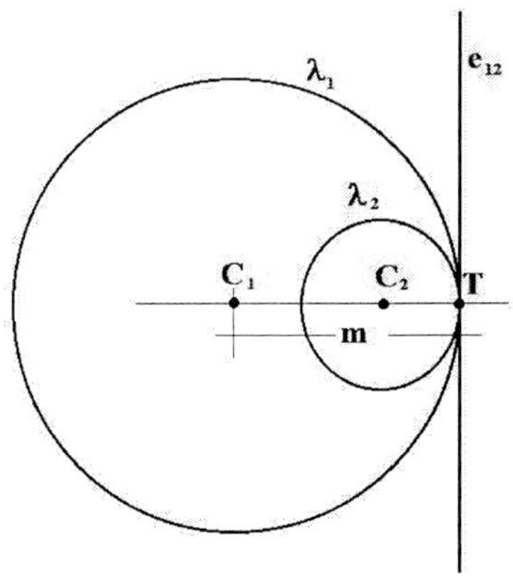

Figura 5.10: O eixo radical de duas circunferências tangentes interiormente.

5.5 Circunferências Interiores

Se λ_1 e λ_2 são cicrunferências interiores[2], então a distância d entre seus centros C_1 e C_2 cumprirá a relação

$$d < r_1 - r_2.$$

Isso nos dará $0 < r_2 < r_1 - d$, e, portanto,

$$(r_1 - d)^2 > r_2^2. \tag{5.5}$$

Lembremo-nos da relação (5.4): $m = \frac{d^2+r_1^2-r_2^2}{2d}$. Então

$$\begin{aligned} m - r_1 &= \frac{d^2 + r_1^2 - r_2^2}{2d} - r_1 \\ &= \frac{d^2 + r_1^2 - r_2^2 - 2dr_1}{2d} \\ &= \frac{(r_1 - d)^2 - r_2^2}{2d} \end{aligned}$$

e da relação(5.5) concluimos então que $m - r_1 > 0$, ou seja, que

$$m > r_1. \tag{5.6}$$

Isso indica, em particular, que a distância entre o eixo radical e_{12} é *maior* que r_1, ou seja, que o eixo radical é exterior à circunferência λ_1.

Por outro lado, se P é equipotente com respeito a ambas, e a e b denotam respectivamente as distâncias de P aos centros C_1 e C_2, então

$$a^2 - r_1^2 = b^2 - r_2^2.$$

Seja H a projeção de P sobre a reta C_1C_2 (então H é o ponto em que o eixo radical encontrará a reta C_1C_2). Aplicando o Teorema de Pitágoras nos triângulos PHC_1 e PHC_2 teremos

$$a^2 - m^2 = b^2 - n^2,$$

onde $n = |\overline{C_2H}|$ é a distância de H ao centro de λ_2.

As duas últimas relações nos mostram que

$$m^2 - n^2 = r_1^2 - r_2^2$$

[2]Aqui devemos necessariamente assumir que seus raios r_1 e r_2 sejam diferentes. Assumiremos que $r_1 > r_2$.

mas, como $r_1 > r_2$, teremos então $m^2 > n^2$. Como m e n são ambos positivos, poderemos escrever

$$m > n. \tag{5.7}$$

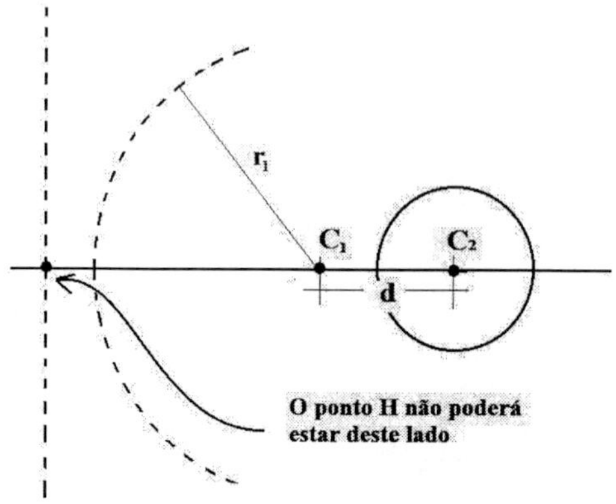

Figura 5.11: H não poderá distar de C_2 mais do que dista de C_1...

Observemos (veja figura 5.11) que, de acordo com a relação (12.10), o ponto H (que já sabemos estar *fora* do círculo λ_1) não poderá estar mais distante de C_2 do que de C_1 (pois $m > n$ e $n = |\overline{HC_2}|$). Assim, o ponto H está no exterior de λ_1 e C_2 está entre C_1 e H.

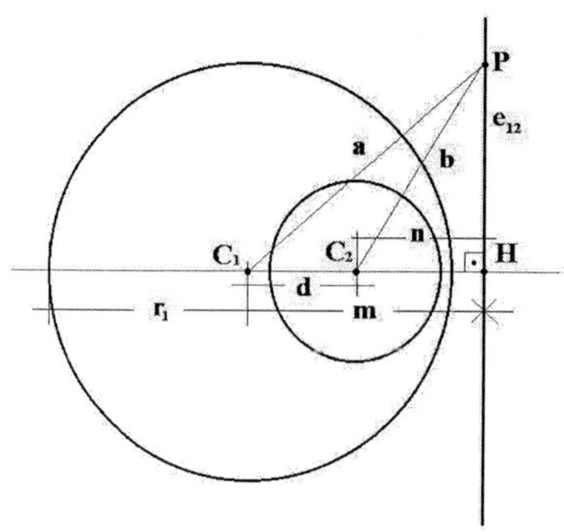

Figura 5.12: Configuração para circunferências interiores, com $r_1 > r_2$.

Em suma, no caso de circunferências interiores, o eixo radical não tocará nenhuma das duas circunferências e o centro da menor estará entre esse eixo e o centro da maior. A figura 5.12 ilustra essa situação.

Uma vez que a potência de um ponto P com respeito a uma circunferência λ é numericamente igual ao comprimento de uma tangente PT por esse ponto a λ, então podemos afirmar o seguinte:

Se P é um ponto do eixo radical de duas circunferências e não pertence a nenhum dos dois círculos, então as tangentes por esse ponto às duas circunferências possuirão mesmo comprimento.

É bastante simples mostrarmos uma espécie de recíproca desse fato:

O conjunto dos pontos do plano a partir dos quais as tangentes a duas circunferências λ_1 e λ_2 têm mesmo comprimento, está contido no eixo radical e_{12} dessas duas circunferências.

Quando duas circunferências não concêntricas se intersectam (quando são secantes ou tangentes) a obtenção do eixo radical, como vimos mais acima, é imediata e autoexplicativa: o eixo radical será aquela reta perpendicular à reta dos centros, e que passa por uma intersecção entre tais circunferências.

Nos casos em que não há intersecções (circunferências exteriores ou interiores) existe um processo simples, porém bastante instrutivo, para se construir o eixo radical.

O que chamamos de *centro radical* é tão somente o ponto de encontro entre dois eixos radicais, relativos a um conjunto de três circunferências. Evidentemente, para que tal ponto esteja definido é preciso que esses eixos não sejam paralelos, ou seja, que os centros dessas três circunferências não sejam colineares.

O centro radical de um sistema de três circunferências é, como podemos deduzir, aquele (único) ponto do plano que é equipotente com respeito às três circunferências.

5.6 Uma Aplicação: Fórmula de Euler para Distância entre Incentro e Circuncentro

Uma dedução elegantemente curta para a expressão (creditada a Euler)

$$d = \sqrt{R^2 - 2Rr}$$

para a distância entre o incentro e o circuncentro de um triângulo (r e R são respectivamente o inraio e o circunraio) pode ser encontrada através da inversão geométrica.

Seja λ o incírculo de um triângulo ABC (figura 5.13) e sejam S, T e U os pontos de tangência de λ com os lados $\overline{BC}$, $\overline{AC}$ e $\overline{AB}$, respectivamente.

De acordo com a observação 1.3 (pág. 8), os inversos A', B' e C' de A, B e C (com respeito a λ) serão, respectivamente, os pontos médios dos lados $\overline{TU}$, $\overline{US}$ e $\overline{ST}$ do triângulo STU.

Segue que $A'B'C'$ é o triângulo medial[3] do triângulo STU - e portanto, a circunferência ξ determinada por A', B' e C' é a inversa (com respeito a λ) da circunferência ψ circunscrita ao triângulo original ABC.

Usando semelhança de triângulos, concluimos facilmente que o raio de ξ é metade do raio de λ. Assim sendo, o raio de ξ é $\frac{r}{2}$, onde r é o inraio do triângulo ABC.

Observemos agora que, de acordo com a observação 3.3 (pág. 29), a conversão entre os raios R de ψ e $\frac{r}{2}$ de sua inversa ξ com respeito a λ é

$$\begin{aligned} \frac{r}{2} &= \left(\frac{r^2}{\mathcal{P}_{I;\psi}}\right) R \\ &= \left(\frac{r^2}{R^2 - d^2}\right) R. \end{aligned}$$

A potência $\mathcal{P}_{I;\psi} = R^2 - d^2$ foi representada em módulo pois se trata evidentemente de relação entre duas quantidades positivas (dois raios).

Dessa relação se chega imediatamente a $d = \sqrt{R^2 - 2Rr}$.

5.7 Eixo Radical de Duas Circunferências que Não se Intersectam

Vamos aqui descrever um método para construir o eixo radical de um par de circunferências interiores. A construção para o caso de circunferências exteriores obedece exatamente o mesmo raciocínio, e será deixada como exercício.

Sejam λ_1 e λ_2 duas circunferências interiores. Queremos construir o eixo radical e_{12} desse par de circunferências.

1 Construimos uma circunferência qualquer φ, que seja secante a λ_1 e a λ_2. Sejam A e B as intersecções de φ com λ_1, e C e D as intersecções de φ com λ_2. O fato de AB e CD não serem paralelas é decorrente de λ_1 e λ_2 não serem concêntricas.

[3] O *triângulo medial* de um triângulo XYZ é aquele triângulo cujos vértices são os pontos médios dos lados de XYZ.

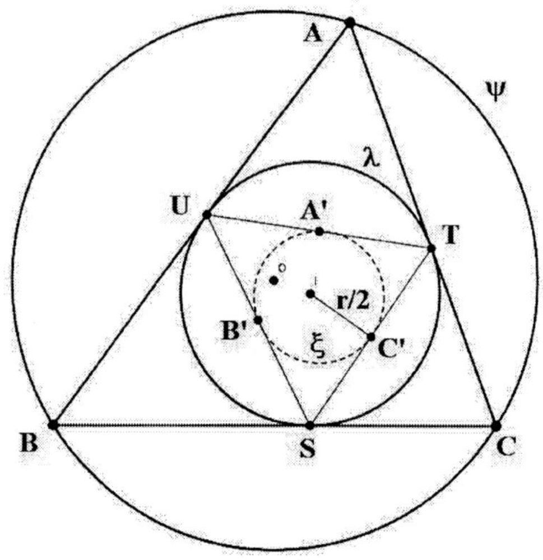

Figura 5.13: ξ é o inverso de ψ com respeito a λ.

2 Denotemos por X o ponto de encontro das retas AB e CD. Observe que

$$\mathcal{P}_{X;\lambda_1} = |\overline{XB}|.|\overline{XA}| = |\overline{XD}|.|\overline{XC}| = \mathcal{P}_{X;\lambda_2}.$$

Assim, X é equipotente com respeito a λ_1 e a λ_2 e, portanto, X é um ponto do eixo radical e_{12}.

3 Construimos outra circunferência μ secante a λ_1 e a λ_2. Sejam E e F as intersecções de μ com λ_1, e G e H as intersecções de μ com λ_2. Denotemos por Y o ponto de encontro das retas EF e GH. Por motivos análogos aos descritos no item anterior, Y é também um ponto do eixo radical e_{12}.

4 Consequentemente, a reta XY é o eixo radical e_{12} procurado.

Capítulo 6

Ortogonalidade

6.1 Uma Propriedade Característica

Sejam λ e φ duas circunferências ortogonais. Lembramos que isso significa que elas são secantes e que as respectivas tangentes nos pontos de contato são perpendiculares.

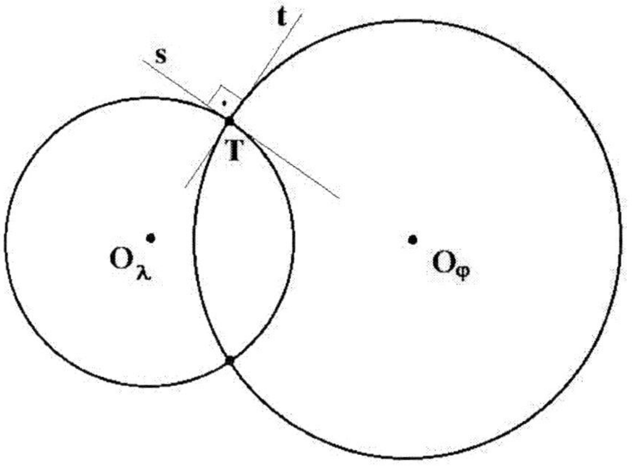

Figura 6.1: Circunferências ortogonais. As tengentes no ponto T passarão, de fato, pelos centros.

Sejam s e t as tangentes a λ e a φ, respectivamente, em um dos pontos T de intersecção (figura 6.1).

Uma vez que s é tangente a λ em T, então essa reta deve ser perpendicular ao raio no ponto de contato. Se O_λ é o centro de λ, então O_λ e T estarão ambos na reta t, a única perpendicular a s que passa por T.

Analogamente constatamos que o centro O_φ de φ está em s.

Se $d = |\overline{O_\lambda O_\varphi}|$ é a distância entre os centros, então

$$d^2 = r_1^2 + r_2^2,$$

onde r_1 e r_2 denotam as medidas dos raios de λ e de φ, respectivamente.

Por outro lado, se duas circunferências secantes λ e φ, de raios r_1 e r_2, se intersectam em um ponto T de tal forma que os lados do triângulo determinado por T e pelos centros satisfaça $d^2 = r_1^2 + r_2^2$, então evidentemente esse triângulo será retângulo em T e, por conseguinte, as retas que passam por esse ponto e pelo centro de uma delas tangenciarão a outra.

Como se trata das retas suporte dos catetos desse triângulo retângulo, elas são perpendiculares entre si.

Ou seja: λ e φ são ortogonais.

Podemos então afirmar:

Sejam λ e φ duas circunferências secantes de raios r_1 e r_2 respectivamente, e seja d a distância entre seus centros.

Então λ e φ serão ortogonais se, e somente se,

$$d^2 = r_1^2 + r_2^2.$$

6.2 Inversão e Ortogonalidade

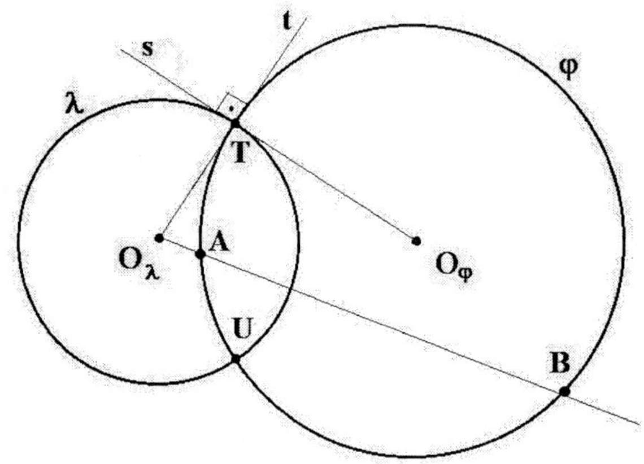

Figura 6.2: Circunferências ortogonais. As retas $O_\lambda T$ e $O_\lambda U$ serão tangentes a φ.

Sejam λ e φ duas circunferências ortogonais, de raios r_1 e r_2 e centros O_λ e O_φ, respectivamente.

Tomemos em φ um ponto qualquer A que seja distinto de qualquer uma das duas intersecções entre λ e φ (figura 6.2).

Então a semirreta $\overrightarrow{O_\lambda A}$ *não* é tangente a φ (pois, caso contrário, haveria no mínimo *três* tangentes a φ pelo ponto O_λ: as que passam pelas duas intersecções, e ainda a que passaria por A.

Assim, $\overrightarrow{O_\lambda A}$ encontra φ em um outro ponto B.

Ora, a potência $\mathcal{P}_{O_\lambda;\varphi}$ de O_λ com respeito a φ pode ser expressa por

$$\mathcal{P}_{O_\lambda;\varphi} = r_1^2 = |\overline{O_\lambda A}|.|\overline{O_\lambda B}|,$$

o que nos diz imediatamente que B é o inverso de A na inversão com respeito à circunferência λ (a inversão de centro O_λ e potência r_1^2).

Observe que, por essa inversão, *todo* ponto de φ terá seu inverso ainda em φ (os pontos de intersecção T e U, por exemplo, serão cada um deles seu próprio inverso).

Segue daí que, com respeito a essa inversão, $\varphi' = \varphi$.

Reciprocamente, se invertermos com respeito a φ, os mesmos argumentos nos levam a concluir que $\lambda' = \lambda$.

Um tal fenômeno (uma circunferência que coincide com sua própria inversa) ocorre apenas quando há ortogonalidade.

De fato, lembrando as observações 3.2 e 3.3 (pág. 29) à luz da situação e da notação que estamos usando (duas circunferências λ e φ e uma inversão com respeito a λ), temos

$$|\overline{O_\lambda D}| = \left(\frac{r_1^2}{\mathcal{P}_{O_\lambda;\varphi}}\right) |\overline{O_\lambda O_\varphi}|$$

onde $\mathcal{P}_{O_\lambda;\varphi}$ é a potência de O_λ com respeito a φ e D é o centro de φ' e

$$r_{\varphi'} = \left(\frac{r_1^2}{\mathcal{P}_{O_\lambda;\varphi}}\right).r_2$$

onde $r_{\varphi'}$ é o raio da inversa de φ.

Assim sendo, ao investigarmos as condições sob as quais φ seria sua própria inversa (isto é, $|\overline{O_\lambda D}| = |\overline{O_\lambda O_\varphi}|$ e $r_{\varphi'} = r_2$) teríamos necessariamente

$$r_1^2 = \mathcal{P}_{O_\lambda;\varphi}.$$

Mas isto significará que o comprimento de uma tangente a φ, por O_λ, deveria ser r_1.

Desta forma, se T é um dos pontos de tangência a φ a partir de O_λ, então o triângulo cujos vértices são O_λ, O_φ e T é retângulo em T, ou seja,

$$d^2 = r_1^2 + r_2^2$$

onde d é a distância entre os centros de λ e de φ.

O que, como sabemos, é o mesmo que dizer que λ e φ são ortogonais.

Em face do que expusemos acima, podemos agora enunciar o seguinte fato:

As circunferências que são invertidas em si mesmas são aquelas ortogonais à circunferência de inversão.

Consideremos agora uma circunferência λ de centro P_0 e raio r. Tomemos ao acaso um ponto $A \neq P_0$ que não esteja sobre a circunferência. Lembremo-nos de que P_0 é origem de uma semirreta que passa por A e por A', seu inverso com respeito a λ.

Seja μ uma circunferência qualquer que passe por A e por A'. Então P_0 é exterior a μ. De fato, se fosse interior então estaria no interior da corda AA', e consequentemente entre A e A', o que não concorda com a inversão de centro P_0.

Segue que pelo ponto P_0 pode-se traçar uma tangente a μ (na verdade, como sabemos, *duas* delas). Seja T um de tais pontos de tangência a partir de P_0.

Observemos que de acordo com a situação apresentada temos, considerando a potência de P_0 com respeito a μ,

$$|\overline{P_0T}|^2 = |\overline{P_0A}|.|\overline{P_0A'}|.$$

Por outro lado, sendo A e A' inversos com respeito a λ, temos

$$r^2 = |\overline{P_0A}|.|\overline{P_0A'}|$$

e, portanto, conclui-se que $|\overline{P_0T}| = r$.

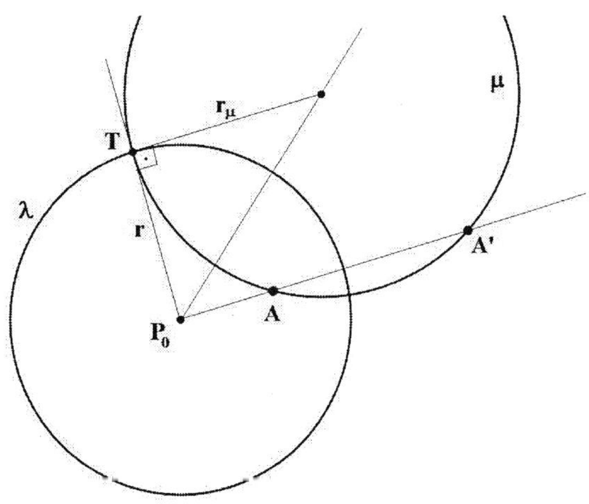

Figura 6.3: Uma circunferência qualquer μ que passa por A e por A'.

O triângulo cujos vértices são o ponto T e os centros de λ e de μ é um triângulo retângulo em T (pois um dos lados, $\overline{P_0T}$, está sobre a tangente a μ nesse ponto, onde deve ser perpendicular ao raio de μ).

Assim sendo, se r_μ é o raio de μ e d é a distância entre os centros, então

$$d^2 = r^2 + r_\mu^2$$

o que, como sabemos, indica que μ e λ são ortogonais.

Resumindo:

> Sejam A e A' dois pontos distintos, inversos um do outro com respeito a uma circunferência λ. Então toda circunferência que passa por A e A' é ortogonal a λ.

Vamos agora tratar com o caso de duas circunferências *exteriores* λ_1 e λ_2, de raios r_1 e r_2 e centros O_1 e O_2 respectivamente.

Seja φ uma circunferência ortogonal a λ_1 e a λ_2 simultaneamente. Se T é uma das intersecções de φ com λ_1 (figura 6.4), então o centro P de φ, o centro O_1 de λ_1 e o ponto T formarão um triângulo retângulo em T. Um dos catetos ($\overline{O_1T}$, o raio de λ_1) tem medida r_1 e o outro ($\overline{CT}$) é o próprio raio de φ, cuja medida iremos aqui denotar por ρ. Lembremo-nos de que PT é tangente a λ_1.

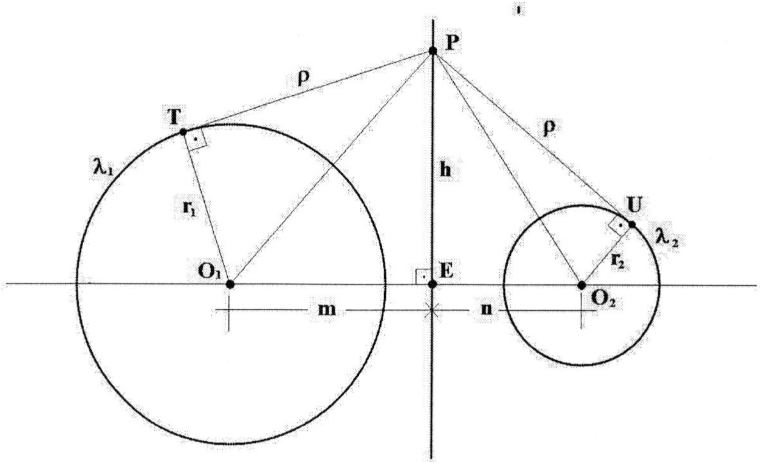

Figura 6.4: Duas circunferências exteriores. O eixo radical é essa reta perpendicular à reta dos centros.

De maneira análoga, se U é uma das intersecções de φ com λ_2 então $\overline{PU}$ é tangente a λ_2 e tem medida ρ.
Assim sendo, pelo ponto P as tangentes a λ_1 e a λ_2 têm mesma medida.
Neste momento evocamos um fato que estabelecemos na pág. 78:

> O conjunto dos pontos do plano a partir dos quais as tangentes a duas circunferências λ_1 e λ_2 têm mesmo comprimento, está contido no eixo radical e_{12} dessas duas circunferências.

Segue que o centro de φ está no eixo radical e_{12} relativo a λ_1 e λ_2.

Poder-se-ia neste momento argumentar que nem mesmo tínhamos certeza da existência de uma circunferência φ que fosse simultaneamente ortogonal a λ_1 e a λ_2. Isso porém fica simples de constatar, bastando para isso lembrar outro fato da pág. 78:

> Se P é um ponto do eixo radical de duas circunferências e não pertence a nenhum dos dois círculos, então as tangentes por esse ponto às duas circunferências possuirão mesmo comprimento.

Assim, seria suficiente tomarmos qualquer ponto do eixo radical e traçar a partir dele tangentes às duas circunferências. Centrando nesse ponto uma circunferência cujo raio terá como medida o comprimento dessas tangentes, então essa circunferência corta ortogonalmente as outras duas, pois nos pontos de contato os raios serão perpendiculares.

Retomando nossos argumentos, vamos lembrar que sendo λ_1 e λ_2 então a distância d entre os centros satisfará

$$d > r_1 + r_2$$

donde podemos inferir que $d - r_1 > r_2$ e, portanto, que $(d - r_1)^2 > r_2^2$. Analogamente obteremos também $(d - r_2)^2 > r_1^2$.

Seja E a intersecção da reta dos centros com o eixo radical (figura 6.4). No capítulo sobre eixo radical já havíamos obtido que

$m = \frac{d^2+r_1^2-r_2^2}{2d}$ e que $n = \frac{d^2+r_2^2-r_1^2}{2d}$, onde m e n são as distâncias de E aos centros de λ_1 e de λ_2, respectivamente.

Além disso,

$$\begin{aligned} m - r_1 &= \frac{d^2 + r_2^2 - r_1^2}{2d} - r_1 \\ &= \frac{d^2 + r_2^2 - r_1^2 - 2dr_1}{2d} \\ &= \frac{(d - r_1)^2 - r_2^2}{2d} \end{aligned}$$

e, como $(d - r_1)^2 > r_2^2$, vem que $m - r_1 > 0$. O que nos dá $m > r_1$ e, portanto,

$$m^2 > r_1^2.$$

Analogamente, usando $(d - r_2)^2 > r_1^2$ chegamos também a $n^2 > r_2^2$.

Por outro lado, ao trabalharmos com os triângulos retângulos representados na figura 6.4 poderemos escrever

$$\rho^2 + r_1^2 = m^2 + h^2 \Longrightarrow \rho^2 - h^2 = m^2 - r_1^2 > 0 \tag{6.1}$$

(pois $m^2 > r_1^2$). Logo $\rho^2 - h^2 > 0$ e, como se trata de dois comprimentos, concluimos que

$$\rho > h.$$

Em outras palavras: a distância h entre o centro de φ e a reta dos centros é menor que o raio de φ. E, portanto, a reta dos centros será *secante* a φ (tocará essa circunferência em dois pontos).

Mesma conclusão obteríamos fazendo

$$\rho^2 + r_2^2 = n^2 + h^2 \Longrightarrow \rho^2 - h^2 = n^2 - r_2^2 > 0.$$

Observe que uma outra consequência dessas expressões é que

$$m^2 - r_1^2 = n^2 - r_2^2,$$

pois ambos os membros dessa igualdade são iguais a $\rho^2 - h^2$.

Como $m^2 - r_1^2 = n^2 - r_2^2$ e ambos os membros são números positivos, então

$$\sqrt{m^2 - r_1^2} = \sqrt{n^2 - r_2^2}.$$

Denotaremos essa quantidade por v. Ou seja:

$$\sqrt{m^2 - r_1^2} = v = \sqrt{n^2 - r_2^2}.$$

Observemos que $v < m$ e que $v < n$.

Mais do que isso, é importantíssimo agora observar que essa quantidade v não depende dos elementos da circunferência φ, mas tão somente dos raios de λ_1 e de λ_2 e da distância entre os centros de λ_1 e de λ_2.

Isto significa que *qualquer outra* circunferência que fosse simultaneamente ortogonal a λ_1 e a λ_2 nos traria à mesma quantidade v.

Sejam K e L os dois pontos na reta dos centros que estão à mesma distância v do ponto E (ver figura 6.5).

Podemos notar que a hipotenusa $\overline{PK}$ do triângulo PEK tem medida ρ, pois pelo Teorema de Pitágoras temos

$$\begin{aligned} |\overline{PK}|^2 &= v^2 + h^2 \\ &= m^2 - r_1^2 + h^2 \end{aligned}$$

e, pela relação (6.1), temos $m^2 - r_1^2 + h^2 = \rho^2$.

Analogamente encontramos também que $|\overline{PL}| = \rho$.

Lembrando que ρ é o raio de φ, podemos observar (figura 6.5) que essa circunferência toca a reta dos centros em K e L.

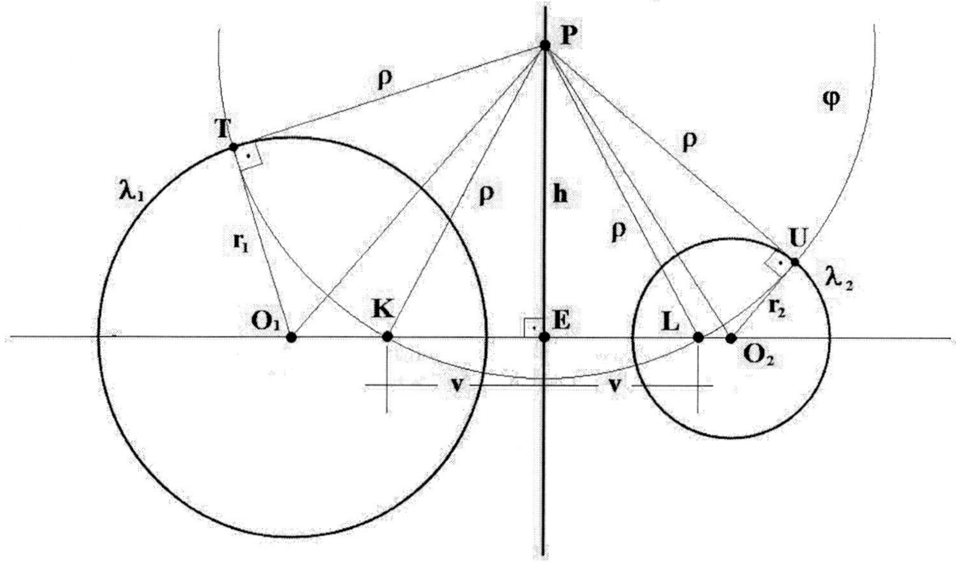

Figura 6.5: Os pontos K e L não dependem da circunferência φ.

Devido às observações acima feitas acerca de v, concluimos que *qualquer outra* circunferência que fosse simultaneamente ortogonal a λ_1 e a λ_2 cortaria a reta dos centros nos mesmos pontos K e L.

Outro importante fato sobre tais pontos é que

$$\begin{aligned}|\overline{O_1K}|.|\overline{O_1L}| &= (m-v).(m+v)\\ &= m^2-v^2\\ &= r_1^2,\end{aligned}$$

o que nos diz que K e L são inversos um do outro com respeito a λ_1.

E também

$$\begin{aligned}|\overline{O_2L}|.|\overline{O_2K}| &= (n-v).(n+v)\\ &= n^2-v^2\\ &= r_2^2,\end{aligned}$$

e esses dois pontos são também inversos um do outro com respeito a λ_2.

Segue daí que qualquer circunferência que passe por K e L cortará ortogonalmente as duas circunferências λ_1 e λ_2.

Observação 6.1. *Os pontos K e L estão de fato cada um no interior de um dos círculos, e isso é simples de comprovar. Como são pontos distintos inversos um do outro com respeito a λ_1, então fatalmente um deles estará no interior de λ_1 e o outro no exterior. Mesmo raciocínio com respeito a λ_2 nos mostrará que aquele que estiver no exterior de λ_1 terá de estar no interior de λ_2.*

Vamos agora para o outro caso de circunferências que não se intersectam - o caso em que elas são interiores.

Sejam λ_1 e λ_2 circunferências de raios r_1 e r_2 e centros O_1 e O_2 respectivamente. Seja φ qualquer circunferência que seja ortogonal simultaneamente a λ_1 e a λ_2. Com os mesmos argumentos usados acima podemos facilmente mostrar que o centro P de φ tem de estar no eixo radical relativo a λ_1 e a λ_2. Como sempre, denotaremos por h a distância entre P e a reta dos centros. As distâncias m e n, do eixo radical aos centros de λ_1 e de λ_2 respectivamente, foram já obtidas no capítulo sobre potência de ponto e suas expressões são como sempre

$$m = \frac{d^2+r_1^2-r_2^2}{2d} \quad \text{e} \quad n = \frac{d^2+r_2^2-r_1^2}{2d}$$

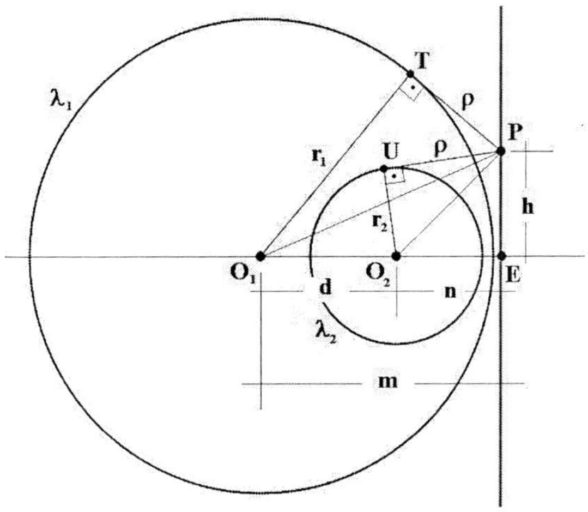

Figura 6.6: Circunferências interiores não concêntricas. Seus centros estão de um mesmo lado do eixo radical.

onde d é a distância entre os centros de λ_1 e de λ_2.

Como já vimos no capítulo sobre potência de ponto, neste caso os centros de λ_1 e de λ_2 estão de um mesmo lado do eixo radical.

Como o eixo radical é exterior a ambas, obtemos imediatamente que $m > r_1$ e que $n > r_2$ (ver figura 6.6).

De maneira análoga ao que já foi feito no caso de circunferências exteriores, obtemos que o centro P de uma circunferência ortogonal a λ_1 e a λ_2 simultaneamente está no eixo radical, e apartir de P as tangentes $\overline{PT}$ e $\overline{PU}$ a λ_1 e a λ_2, respectivamente, têm mesmo comprimento. Novamente denotaremos tal comprimento por ρ.

Segue-se que, como antes, os triângulos retângulos obtidos na situação (ver figura 6.6) nos mostram que

$$\rho^2 + r_1^2 = m^2 + h^2 \quad \text{e} \quad \rho^2 + r_2^2 = n^2 + h^2$$

o que nos fornece

$$m^2 - r_1^2 = \rho^2 - h^2 = n^2 - r_2^2$$

e novamente temos $\rho > h$. Pois (por exemplo) $\rho^2 - h^2 = m^2 - r_1^2$ e $m > r_1$.

Assim, a circunferência de centro P e raio ρ é secante à reta dos centros, tocando-a em dois pontos distintos K e L. Observe-se que esses dois pontos são simétricos com respeito ao ponto E, a intersecção dessa reta dos centros com o eixo radical. E que surgem então mais dois triângulos retângulos, PEO_1 e PEO_2, ambos de hipotenusa ρ e com um cateto medindo h.

Conclui-se assim que $|\overline{KE}| = |\overline{LE}| = p$, onde $p = \sqrt{\rho^2 - h^2}$.

Vamos observar ainda que

$$|\overline{O_1K}|.|\overline{O_1L}| = (m-p)(m+p) = m^2 - p^2 = r_1^2$$

(o que significa que K e L são inversos um do outro com respeito a λ_1) e que

$$|O_2K|.|\overline{O_2L}| = (n-p)(n+p) = n^2 - p^2 = r_2^2$$

(K e L são inversos um do outro com respeito a λ_2).

Então toda circunferência que passa por K e L é simultaneamente ortogonal a λ_1 e a λ_2.

De posse do que vimos até aqui, podemos agora afirmar:

Proposição 6.1. *Dadas duas circunferências λ_1 e λ_2 que não se intersectam, existe um par de pontos K e L, na reta dos centros, tais que toda circunferência que passar por esses dois pontos será simultaneamente ortogonal a λ_1 e a λ_2. E reciprocamente, toda circunferência simultaneamente ortogonal a λ_1 e a λ_2 passa por esses dois pontos.*

6.3 Aplicações

6.3.1 Inversão Levando a Círculos Concêntricos

Sejam λ_1 e λ_2 duas circunferências que não se intersectam. Apenas para fixar as ideias, vamos ilustrar o caso de circunferências exteriores. O caso de circunferências interiores seria tratado de forma inteiramente análoga.

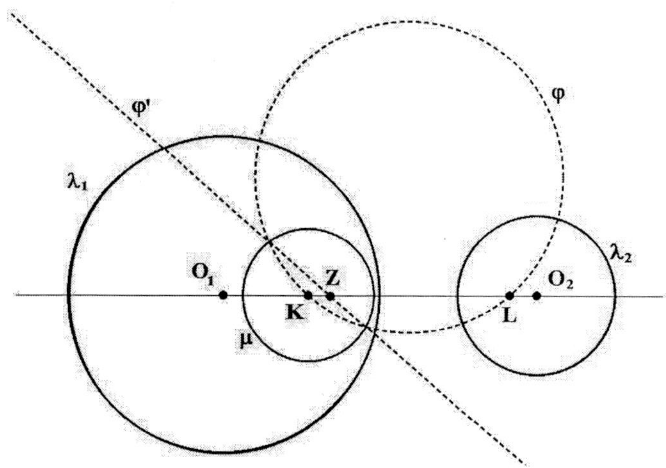

Figura 6.7: A reta φ' tem de ser ortogonal aos inversos λ_1' e λ_2'.

Sejam K e L os dois pontos tratados na seção anterior, inversos um do outro com respeito a ambas as circunferências.

Então uma circunferência φ qualquer que passe por K e L (figura 6.7) corta ortogonalmente tanto λ_1 como λ_2.

Escolhamos qualquer um dos pontos K e L (K, por exemplo) e invertamos a figura toda segundo uma circunferência μ qualquer de centro K.

No capítulo sobre a conformidade da inversão vimos que a inversão preserva ângulos.

Segue, portanto, que a reta φ' deve ser ortogonal a λ_1' e a λ_2' (ou seja, deve fazer ângulos retos com λ_1' e a λ_2' nos respectivos pontos de contato).

Mas λ_1' e a λ_2' serão, como sabemos, circunferências que não passam pelo centro K de inversão. E, como elas devem fazer ângulos retos com a reta φ', então tal reta deve passar pelos centros de λ_1' e λ_2'.

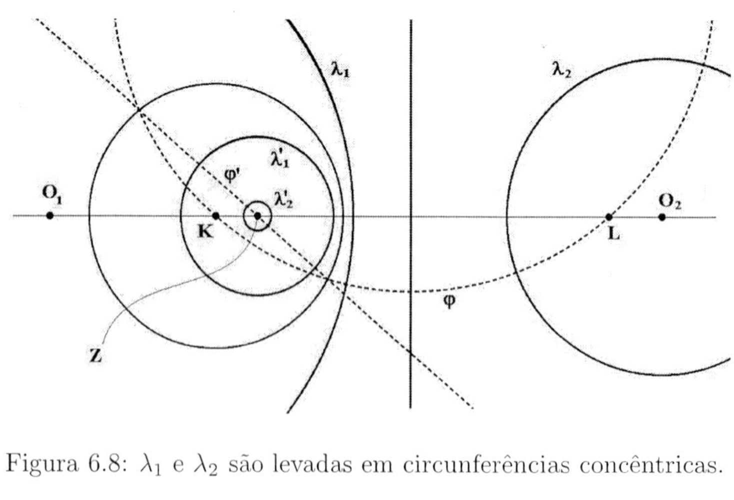

Figura 6.8: λ_1 e λ_2 são levadas em circunferências concêntricas.

Como os centros de λ_1' e λ_2' estão na reta dos centros, então devem ambos estar na intersecção Z dessa reta com φ'.

Segue assim que, segundo essa inversão, as circunferências λ_1 e λ_2 são levadas em circunferências concêntricas (figura 6.8).

6.3.2 Inversão Levando a Círculos de Mesmo Tamanho

Sejam φ e μ dois círculos exteriores e de raios diferentes. Pretendemos encontrar uma inversão que os leve em círculos de mesmo raio.

Seja λ o círculo da inversão que leva φ em μ e vice-versa (descrição na pág. 52), e tomemos arbitrariamente um ponto P em φ. Seu inverso P' estará evidentemente em μ (figura 6.9).

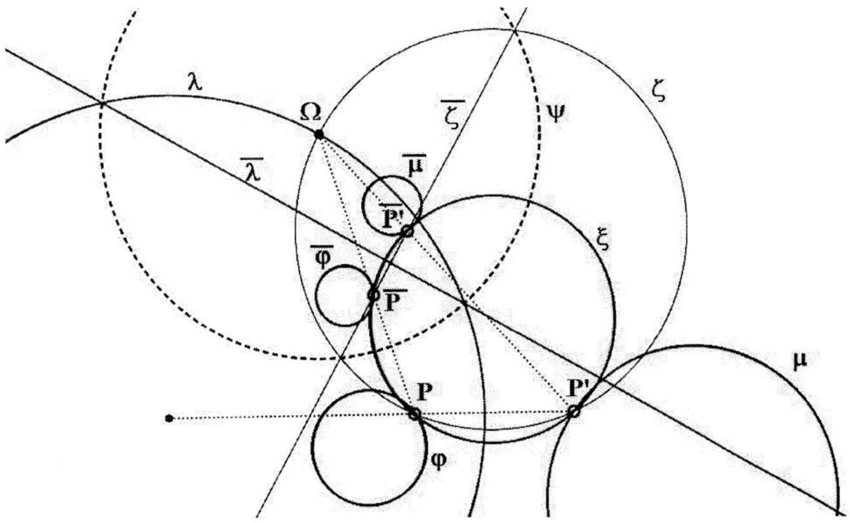

Figura 6.9: φ e μ são invertidos em círculos de mesmo raio.

Tomemos arbitrariamente um ponto Ω em λ, fora da reta PP'.

Com centro em Ω e qualquer raio construimos um círculo ψ.

Então a inversa $\overline{\lambda}$ da circunferência λ com respeito a ψ é uma reta (que não passa por Ω).

A circunferência ζ que passa por Ω, P e P' é ortogonal a λ (pois passa pelo ponto P e por seu inverso com respeito a λ). Então sua inversa $\overline{\zeta}$ com respeito a ψ é uma reta ortogonal a $\overline{\lambda}$. Tal reta contém os pontos $\overline{P}$ e $\overline{P'}$, inversos de P e de P' com respeito a ψ, respectivamente.

Sabemos que o quadrilátero $\overline{P}PP'\overline{P'}$ é inscritível (ver seção 1.4, pág. 9). Se ξ é a circunferência que passa por esses quatro pontos, então ξ é ortogonal a λ e a ψ simultaneamente - em particular, ortogonal a ψ. Logo sua inversa $\overline{\xi}$ com respeito a ψ (que será a própria ξ, devido à ortogonalidade) será ortogonal à reta $\overline{\lambda}$. Para que isso aconteça, entretanto, tal reta deverá passar pelo centro de ξ.

Segue então que $\overline{\lambda}$ é a *mediatriz* do segmento de extremos $\overline{P}$ e $\overline{P'}$, ou seja, $\overline{P}$ e $\overline{P'}$ são *simétricos* com respeito à reta $\overline{\lambda}$.

Consequentemente, as circunferências $\overline{\varphi}$ e $\overline{\mu}$, inversas de φ e de μ respectivamente, com respeito a ψ, são também simétricas com respeito a essa reta.

Em particular, $\overline{\varphi}$ e $\overline{\mu}$ têm mesmo raio.

6.3.3 Cadeia de Pappus

Segundo D. Pedoe, o problema a seguir fora mencionado por Pappus como já sendo antigo em sua época (Pappus de Alexandria viveu aproximadamente entre 290 e 350 D.C.).

O problema consiste basicamente em três pontos colineares A, B e C, com B entre A e C, três semicircunferências, Λ, Ω e $\mathcal{C}_0$, de diâmetros $\overline{AC}$, $\overline{AB}$ e $\overline{BC}$ respectivamente, todas de um mesmo lado da reta AC, e uma *cadeia* de circunferências $\mathcal{C}_1, \mathcal{C}_2, \ldots$, tais que:

- $\mathcal{C}_1$ é tangente a Λ, Ω e $\mathcal{C}_0$;
- $\mathcal{C}_2$ é tangente a Λ, Ω e $\mathcal{C}_1$;
- $\mathcal{C}_3$ é tangente a Λ, Ω e $\mathcal{C}_2$;
- etc.

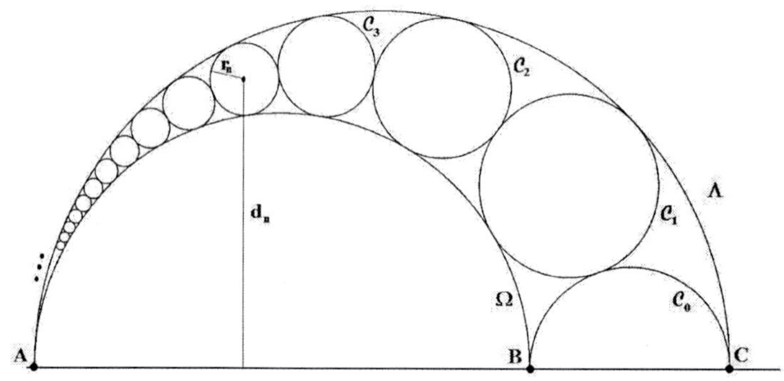

Figura 6.10: Cadeia de Pappus.

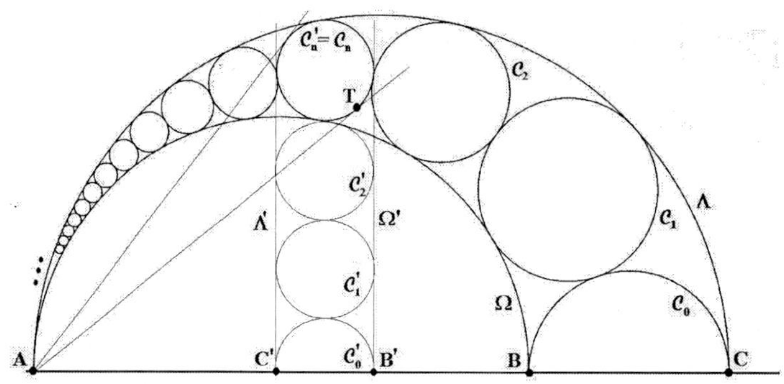

Figura 6.11: Inversão centrada em A.

Se r_n é a medida do raio de $\mathcal{C}_n$, pede-se (em função de $\mathcal{C}_n$) a distância d_n, entre o centro de $\mathcal{C}_n$ e a reta AC.

Esse problema, como muitos outros, pode ser simples e elegantemente resolvido usando-se inversão.

Tracemos, por A, tangentes à circunferência $\mathcal{C}_n$, e seja T um dos pontos de tangência. Então, se considerarmos a inversão de centro A e potência $|\overline{AT}|^2$, obtemos que $\mathcal{C}_n$ será invertido em si mesmo (observe que $\mathcal{C}_n$ será ortogonal à circunferência de inversão).

Observe que as semicircunferências Λ e Ω passam ambas pelo centro de inversão A e, portanto, suas inversas Λ' e Ω' são retas que não passam pelo centro de inversão. Tais retas devem ser perpendiculares à reta AC (que é inversa de si mesma, pois passa pelo centro de inversão), pois Λ e Ω são, por construção, perpendiculares a AC. Como a inversão é uma transformação conforme, essa perpendicularidade será preservada. Em particular, as retas Λ' e Ω' serão paralelas.

Podemos notar também que as curvas $\mathcal{C}_0$, $\mathcal{C}_1$, $\mathcal{C}_2$, etc. são circunferências (no caso, $\mathcal{C}_0$ é uma semicircunferência) que não passam pelo centro de inversão. O mesmo, portanto, acontecerá com suas inversas $\mathcal{C}_0'$, $\mathcal{C}_1'$, $\mathcal{C}_2'$, etc.

Como $\mathcal{C}_0$ é tangente a Λ, a Ω e a $\mathcal{C}_1$, a bijetividade da inversão garante que a (semi-)circunferência $\mathcal{C}_0'$ será tangente às retas Λ' e Ω', e também tangente à circunferência $\mathcal{C}_1'$.

De maneira análoga, a circunferência $\mathcal{C}_1$ (que é tangente a Λ, a Ω e a $\mathcal{C}_2$) será invertida numa circunferência tangente às retas Λ' e Ω', e também à circunferência $\mathcal{C}_2'$... e assim por diante.

Assim prosseguindo, teremos uma cadeia de curvas tangentes às retas paralelas Λ' e Ω': a semicircunferência $\mathcal{C}_0'$ e as circunferências $\mathcal{C}_0'$, $\mathcal{C}_1'$, $\mathcal{C}_2'$, etc., culminando com a circunferência $\mathcal{C}_n$, que será invertida em si mesma. E todas com o mesmo raio r_n.

Temos, portanto, que a distância d_n do centro de $\mathcal{C}_n$ à reta AC será dada por $d_n = 2r_n$.

6.3.4 Teorema de Feuerbach

Uma das aplicações da inversão geométrica é numa demonstração específica do famoso Teorema de Feuerbach, comumente considerado como uma espécie de elegante culminação para os livros de geometria euclidiana plana - e de fato, um dos mais belos teoremas conhecidos na geometria. A demonstração original fez uso da trigonometria para a obtenção de fórmulas para distâncias entre centros geométricos importantes. Atualmente, existem também outras, mas a que exibiremos aqui, ajudará a mostrar a limpeza e o poder de síntese da inversão geométrica. Para melhor admirarmos a beleza de tal teorema, no entanto, convém antes recordarmos alguma coisa acerca da geometria dos triângulos.

Configurações Básicas nos Triângulos

Seja ABC um triângulo qualquer, e sejam I e I_a, respectivamente, os centros dos círculo inscrito e ex-inscrito que tangencia o lado $\overline{BC}$ e os prolongamentos dos outros dois. Sabemos que tais centros estão nas bissetrizes (internas ou externas) dos ângulos de ABC. Em particular, $\overrightarrow{AI_a}$ está na bissetriz interna do ângulo do vértice A, e passa por I.

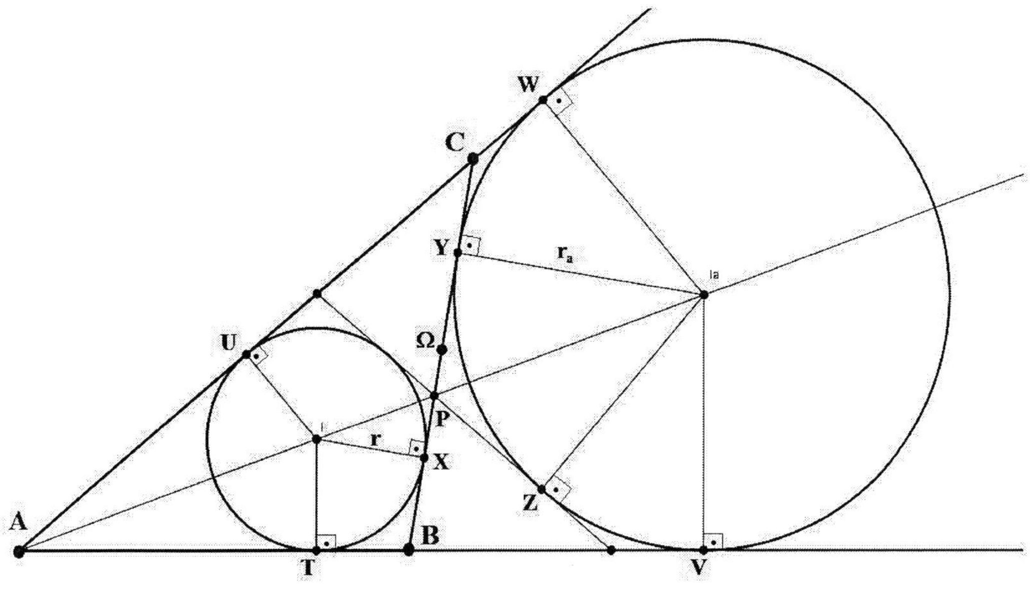

Figura 6.12: O círculo inscrito e um círculo ex-inscrito. Se Ω é o ponto médio do lado $\overline{BC}$ então será também o ponto médio do segmento $\overline{XY}$.

Seja m a medida comum dos segmentos $\overline{BT}$ e $\overline{BX}$ (ver figura 6.12). Como o ponto A é outro ponto a partir do qual temos as tangentes $\overline{AU}$ e $\overline{AT}$ ao incírculo, então

$$|\overline{AU}| = |\overline{AT}| = |\overline{AB}| - m = c - m,$$

onde c é a medida do lado $|\overline{AB}|$.
Similarmente, sob o ponto de vista do vértice C obtemos

$$|\overline{CU}| = |\overline{CX}| = |\overline{CB}| - m = a - m.$$

Sendo b a medida do lado $\overline{AC}$ então segue dessas duas relações que

$$b = |\overline{AC}| = |\overline{AU}| + |\overline{CU}| = c - m + a - m$$

e, portanto,

$$m = p - b,$$

onde $p = \frac{a+b+c}{2}$ é o semiperímetro do triângulo ABC.
De forma análoga, se n é a medida comum às tangentes $\overline{CY}$ e $\overline{CW}$ então iremos também obter

$$n = p - b$$

o que indica que $n = m$, ou seja, que os segmentos $\overline{BX}$ e $\overline{CY}$ têm mesmo comprimento.

Assim sendo, se Ω é o ponto médio do lado $\overline{BC}$ então será também o ponto médio do segmento $\overline{XY}$.

Vamos atentar agora para outras relações métricas.

Observando que os triângulos AIT e AI_aV são semelhantes, então $\frac{|\overline{AI}|}{|\overline{AI_a}|} = \frac{|\overline{IT}|}{|\overline{I_aV}|}$, ou seja,

$$\frac{|\overline{AI}|}{|\overline{AI_a}|} = \frac{r}{r_a}, \tag{6.2}$$

onde r e r_a são respectivamente as medidas do inraio e do ex-inraio relativo ao lado $\overline{BC}$.

Observe também a semelhança entre os triângulos retângulos IXP e I_aYP (onde P é a intersecção da bissetriz $\overrightarrow{AI}$ com o lado $\overline{BC}$).

Devido a tal semelhança, tem-se

$$\frac{r}{r_a} = \frac{|\overline{PX}|}{|\overline{PI_a}|}$$

e então devido à relação (6.2) chega-se a

$$\frac{|\overline{AI}|}{|\overline{AI_a}|} = \frac{|\overline{PX}|}{|\overline{PI_a}|} \tag{6.3}$$

o que nos diz que o segmento $\overline{AP}$ está dividido harmonicamente pelos pontos I e I_a.

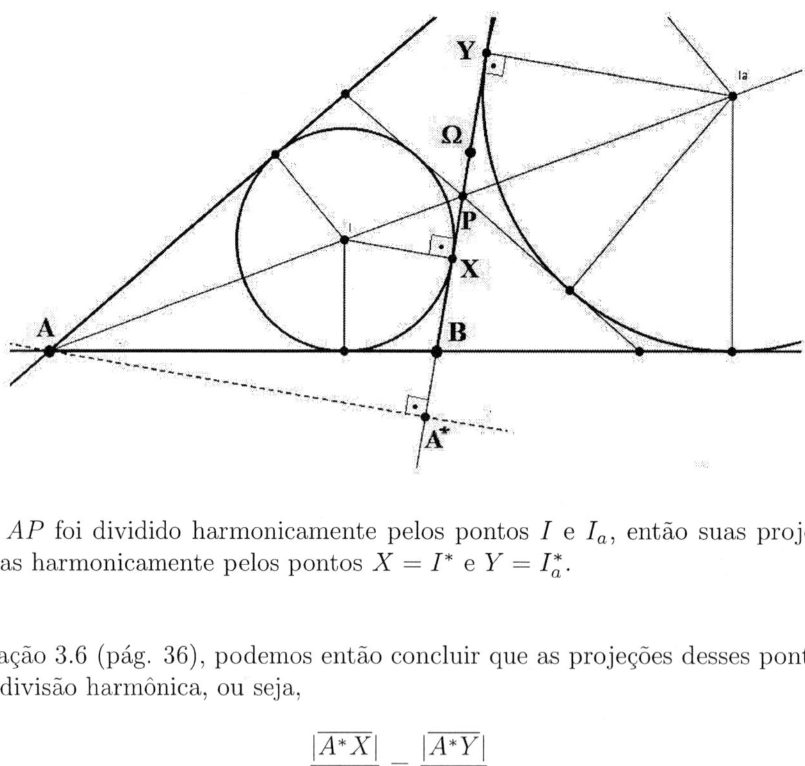

Figura 6.13: Como AP foi dividido harmonicamente pelos pontos I e I_a, então suas projeções A^* e $P^* = P$ também são divididas harmonicamente pelos pontos $X = I^*$ e $Y = I_a^*$.

Devido à observação 3.6 (pág. 36), podemos então concluir que as projeções desses pontos sobre a reta BC também seguirão a divisão harmônica, ou seja,

$$\frac{|\overline{A^*X}|}{|\overline{PX}|} = \frac{|\overline{A^*Y}|}{|\overline{PY}|} \tag{6.4}$$

e que, em particular, os pontos X e A^* são inversos um do outro com respeito à circunferência de centro Ω e diâmetro $\overline{XY}$.

Vamos agora tomar os pontos médios M_b e M_c dos lados $\overline{AC}$ e $\overline{AB}$ respectivamente. Pelo conhecido Teorema da Base Média de um triângulo, temos que $\overline{M_bM_c}$ é paralelo a $\overline{BC}$ e tem metade da medida de $\overline{BC}$.

O que significa, portanto (figura 6.14), que o quadrilátero $CM_bM_c\Omega$ é paralelogramo.

Como em todo paralelogramo, os ângulos opostos são congruentes, então o ângulo $\widehat{M_bM_c\Omega}$ tem a mesma medida que o ângulo oposto $M_bC\Omega$ - que, afinal, é a medida γ do ângulo do vértice C do triângulo ABC.

Observemos agora que os triângulos PDI e PXI são congruentes (D é ponto de tangência) pois trata-se de triângulos retângulos com catetos respectivamente congruentes. Então, em particular, os ângulos $\widehat{IPD}$ e $\widehat{IPX}$ são congruentes. Denotaremos sua medida comum por θ.

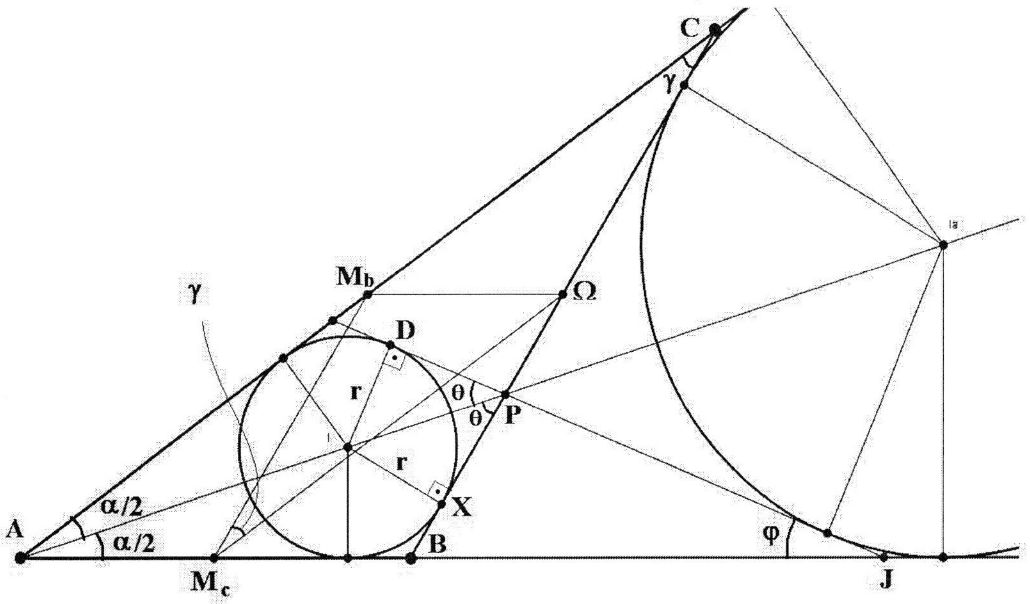

Figura 6.14: O ângulos $\widehat{M_bM_c\Omega}$ e $\widehat{AJP}$ possuem ambos a mesma medida γ do ângulo do vértice C do triângulo ABC.

Lembrando que $\overrightarrow{AP}$ é bissetriz, então o ângulo de medida α no vértice A fica dividido por essa semirreta em dois ângulos de mesma medida $\alpha/2$.

A oposição pelo vértice P nos diz que a reta PD faz com a bissetriz $\overrightarrow{AP}$ um ângulo de medida θ e, como essa é também a medida do ângulo que a reta BC faz com essa bissetriz, então a reta PD tangenciará também o ex-incírculo de centro I_a.

Seja J o ponto em que PD encontra a semirreta $\overrightarrow{AB}$, e seja φ a medida do ângulo $\widehat{AJP}$. O ângulo $\widehat{APD}$ de medida θ é externo ao triângulo APJ e, portanto, tem como medida a soma das medidas dos internos não adjacentes. Logo

$$\theta = \alpha/2 + \varphi.$$

Por outro lado, o ângulo $\widehat{APX}$, também de medida θ, é externo ao triângulo APC. Assim sendo

$$\theta = \alpha/2 + \gamma.$$

Essas duas últimas relações nos dizem que

$$\varphi = \gamma.$$

O Círculo dos Nove Pontos

Consideremos um triângulo ABC qualquer, e denotemos por H_a, H_b e H_c os pés das alturas relativas aos lados $\overline{BC}$, $\overline{AC}$ e $\overline{AB}$, respectivamente. Denotaremos também por M_a, M_b e M_c os pontos médios dos lados $\overline{BC}$, $\overline{AC}$ e $\overline{AB}$, respectivamente.

Considerando o triângulo retângulo CH_cA, podemos afirmar (ver figura 6.15) que o ângulo do vértice C desse triângulo mede $\frac{\pi}{2} - \alpha$, onde α é a medida do ângulo $\widehat{BAC}$.

Denotemos por N_c o ponto médio de $\overline{CH}$ (onde H é o ortocentro), notemos que ele é também o ponto médio da hipotenusa do triângulo retângulo CH_bH e, como tal, equidista dos três vértices desse triângulo.

Segue que o triângulo CN_cH_b é isósceles de base CH_b, o que significa que o ângulo $\widehat{HN_cH_b}$, que é externo a esse triângulo, tem como medida o dobro da medida de $\widehat{N_cCH_b}$.

Ou seja: que a medida de $\widehat{HN_cH_b}$ é $2(\frac{\pi}{2} - \alpha)$.

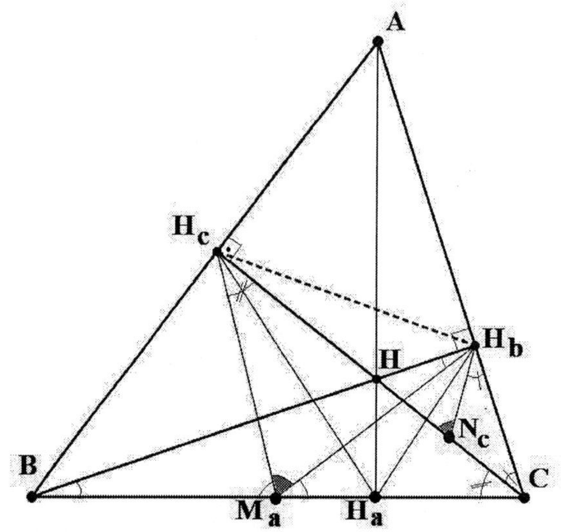

Figura 6.15: Se N_a é o ponto médio de $\overline{CH}$, então os ângulos $\widehat{H_bN_cH_c}$ e $\widehat{H_cM_aH_b}$ têm a mesma medida.

Considerando agora o triângulo retângulo CH_cB, podemos afirmar que o ângulo do vértice C desse triângulo tem como medida $\frac{\pi}{2} - \beta$, onde β é a medida do ângulo $\widehat{CBA}$.

Ora, sendo M_a o ponto médio de $\overline{BC}$, então M_a é também o ponto médio da hipotenusa de CH_cB e portanto equidista de seus vértices. Donde segue que o triângulo M_aCH_c é isósceles de base CH_c e, desta forma, que os ângulos $\widehat{M_aCH_c}$ e $\widehat{M_aH_cC}$ têm a mesma medida.

Como o ângulo $\widehat{BM_aH_c}$ é externo a esse triângulo, então sua medida deverá ser a soma das medidas de $\widehat{M_aCH_c}$ e $\widehat{M_aH_cC}$.

Logo, a medida de $\widehat{BM_aH_c}$ é $2(\frac{\pi}{2} - \beta)$.

Trabalhando de maneira análoga com o triângulo retângulo BH_bC encontraremos também que a medida do ângulo $\widehat{CM_aH_b}$ é $2(\frac{\pi}{2} - \gamma)$, onde γ é a medida do ângulo $\widehat{ACB}$.

Usando agora que o ângulo (raso) $\widehat{BM_aC}$ é igual à soma $\widehat{BM_aH_c} + \widehat{H_cM_aH_b} + \widehat{CM_aH_b}$, obteremos que a medida de $\widehat{H_cM_aH_b}$ será $2(\frac{\pi}{2} - \alpha)$.

Examinando agora o quadrilátero CH_bHH_a, que é inscritível (pois possui ângulos opostos suplementares), obtemos que o ângulo inscrito $\widehat{HH_aH_b}$ tem medida igual à medida do ângulo inscrito $\widehat{HCH_b}$ (pois correspondem ambos ao mesmo arco HH_b).

Segue, então, que a medida do ângulo $\widehat{HH_aH_b}$ é $\frac{\pi}{2} - \alpha$.

Trabalhando de maneira análoga com o quadrilátero inscritível BH_cHH_a obtemos também $\frac{\pi}{2} - \alpha$ para a medida de $\widehat{H_cH_aH}$.

Logo, a medida do ângulo $H_cH_aH_b = \widehat{H_cH_aH} + \widehat{HH_aH_b}$ é $2(\frac{\pi}{2} - \alpha)$.

A conclusão disso é a de que o segmento $\overline{H_cH_b}$ é enxergado segundo o mesmo ângulo quando visto a partir de M_a, H_a ou N_c.

O que significa dizer que os pontos H_c, H_b, M_a, H_a e N_c são todos *concíclicos* ou, em outras palavras, que a circunferência do círculo circunscrito ao triângulo *órtico* $H_aH_bH_c$ passa também pelo ponto médio M_a do lado BC do triângulo ABC e pelo ponto médio N_c do segmento $\overline{CH}$.

Por analogia, ao trabalharmos com o lado $\overline{AC}$, seu ponto médio M_b e o ponto médio N_a do segmento $\overline{AH}$ encontraremos que a circunferência do círculo circunscrito ao triângulo $H_aH_bH_c$ passa também por M_b e N_a.

Da mesma forma, ao trabalharmos com o lado $\overline{AB}$ concluiremos que essa mesma circunferência passará também por M_c e pelo ponto médio N_b do segmento $\overline{BH}$.

Em resumo, podemos afirmar:

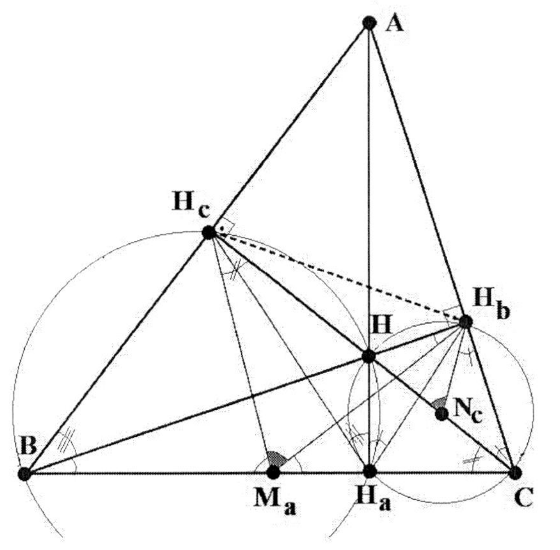

Figura 6.16: O segmento $\overline{H_cH_b}$ é enxergado segundo o mesmo ângulo quando visto a partir de M_a, H_a ou N_c.

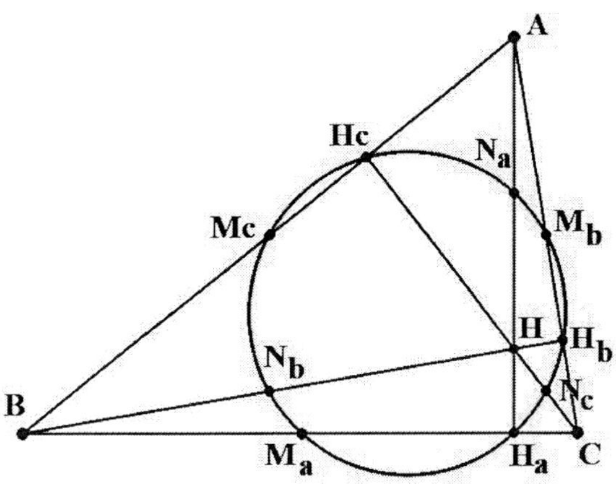

Figura 6.17: O círculo dos nove pontos de um triângulo ABC.

A circunferência que passa pelos pés das três alturas de um triângulo qualquer, passa também pelos pontos médios dos três lados, bem como pelos pontos médios dos segmentos que ligam cada vértice ao ortocentro desse triângulo.

O círculo relativo a essa circunferência recebe o nome natural de *círculo dos nove pontos* do triângulo ABC (veja figura 6.17).

O Teorema de Feuerbach

Proposição 6.2 (Teorema de Feuerbach). *O círculo dos nove pontos de um triângulo qualquer é tangente internamente ao incírculo e tangente externamente aos três círculos ex-inscritos.*

Demonstração

Seja ABC um triângulo qualquer, e sejam Ω o ponto médio de $\overline{BC}$, M_b o ponto médio de $\overline{AC}$ e M_c o ponto médio de $\overline{AB}$ (figura 6.18).

O incírculo e o ex-incírculo relativo ao lado $\overline{BC}$ tangenciam esse lado nos pontos X e Y, respectivamente.

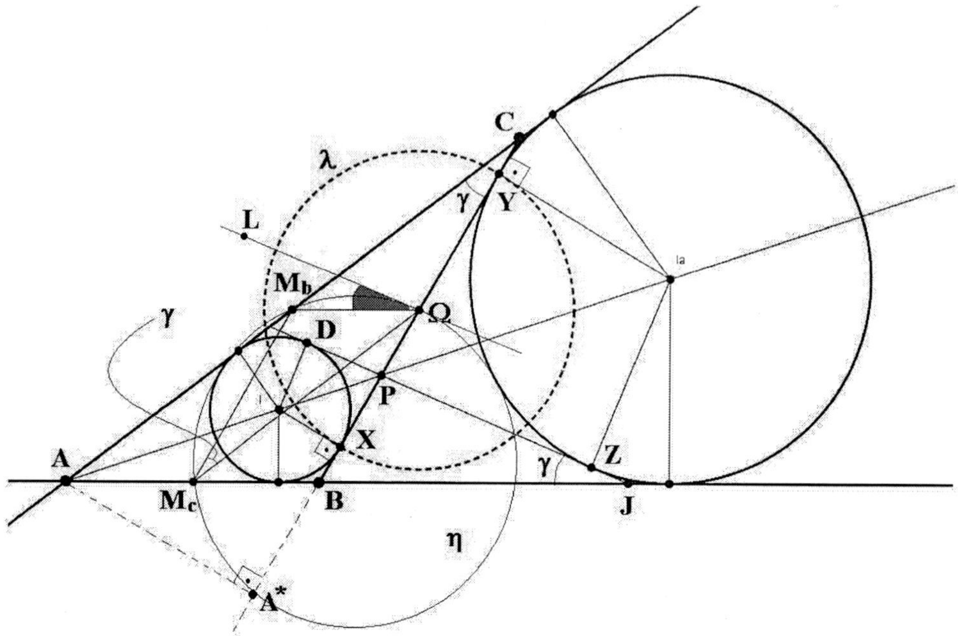

Figura 6.18: O círculo de inversão está centrado em Ω. O círculo de nove pontos η, cuja circunferência passa pelos pontos médios dos lados do triângulo ABC, é, então, invertido em uma reta.

Pelo exposto nas observações sobre as configurações nos triângulos (pág. 91), o ponto Ω é também o ponto médio de $\overline{XY}$, e o ponto P (encontro das duas tangentes comuns ao incírculo e ao ex-incírculo de centro I_a) é inverso de A^* (projeção de A sobre a reta suporte do lado $\overline{BC}$ com respeito à circunferência λ de centro Ω e raio $|\overline{\Omega X}|$, que será por nós usada como circunferência de inversão.

Observemos que λ é ortogonal ao incírculo e ao ex-incírculo de centro I_a. Assim sendo, as circunferências desses círculos invertem-se em si mesmas.

Como sabemos, a circunferência η do círculo de nove pontos passa pelos pontos médios Ω, M_b e M_c dos três lados do triângulo ABC. Em particular, ela passa pelo centro Ω de inversão.

Segue-se que sua inversa η' é uma reta que não passa por esse centro. Pela observação 3.1 (pág. 27), tal reta é paralela à tangente a η em Ω. Seja ΩL essa tangente. Vamos investigar sobre o ângulo $\widehat{M_b\Omega L}$ que ela faz com a reta $M_b\Omega$. Convém observar que esse é o mesmo ângulo que essa reta fará com a reta AB, que é paralela a $M_b\Omega$.

Acontece que esse ângulo $\widehat{M_b\Omega L}$ é um *ângulo semi-inscrito* no círculo de η, e da geometria plana elementar sabemos que sua medida é a mesma de qualquer ângulo *inscrito* nesse círculo que corresponda ao mesmo arco (ver figura 6.19).

Segue-se que $\widehat{M_b\Omega L}$ tem a mesma medida γ que o ângulo no vértice C do triângulo ABC. E tal medida, como vimos nas observações sobre as configurações nos triângulos (pág. 91), é a mesma do ângulo que a reta PJ faz com a reta AB.

Então a tangente ΩL é paralela à reta PJ. Ou seja: a inversa η' é paralela à reta PJ.

Por outro lado, η passa por A^* (um dos pés das alturas), e portanto, η' passará por $P = A^*$.

Assim sendo, η' é uma reta que passa por P e tem a mesma direção de PJ... o que nos diz que η' é a própria PJ.

Como $\eta' = PJ$ tangencia o incírculo e o ex-incírculo de centro I_a, então o mesmo ocorrerá com a circunferência η do círculo dos nove pontos.

Usando o mesmo raciocínio para com os outros dois ex-incírculos, concluimos que a circunferência do círculo dos nove pontos tangencia também esses outros dois ex-incírculos. ✓

6.3.5 Cadeias de Steiner

Consideremos a seguinte situação:

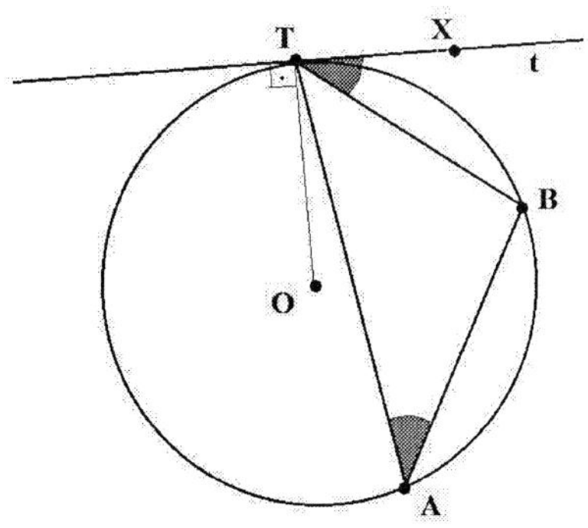

Figura 6.19: $\widehat{BTX}$ é ângulo semi-inscrito. Sua medida é a mesma que a medida de qualquer ângulo *inscrito* correspondente ao mesmo arco TB. Em particular, $\widehat{BTX} \equiv \widehat{BAT}$.

Sejam φ e μ dois círculos interiores, com raios r_φ e r_μ respectivamente, e seja d a distância entre seus centros.

Pretendemos construir dez círculos tangentes exteriormente a μ e interiormente a φ (figura 6.20), de modo que cada um deles também tangencie o próximo em uma cadeia.

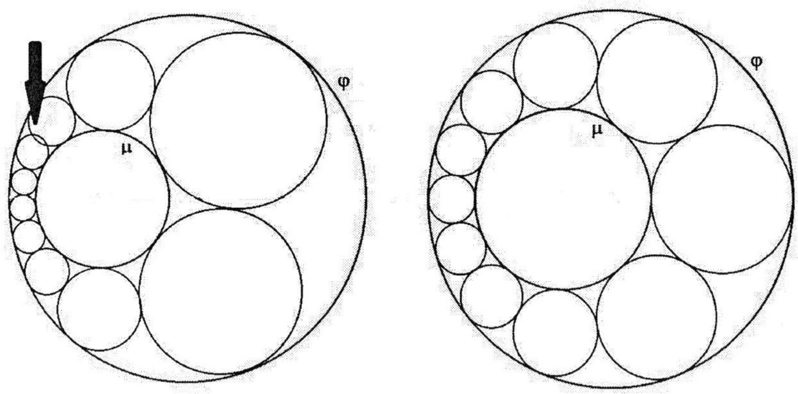

Figura 6.20: À esquerda, a cadeia de dez círculos não se fecha perfeitamente. Deve existir uma relação entre os centros, os raios e a quantidade n para que ela se feche perfeitamente.

Como vemos, isso nem sempre é possível (na imagem da esquerda a cadeia não se fecha corretamente).

Esperaríamos que existisse uma relação entre os raios de φ, de μ, a distância entre seus centros e a quantidade n de círculos tangentes que se pretenda inserir numa cadeia que se feche perfeitamente.

Uma tal relação existe, e pode facilmente ser obtida mediante inversão geométrica.

Sabemos que existe uma inversão que leva φ e μ em círculos concêntricos φ' e μ'. Denotaremos por Ω o centro comum de φ' e de μ' e por R e r os raios de φ' e μ', respectivamente.

Observemos (ver figura 6.21) que o ângulo central $\widehat{X\Omega Y}$ que corresponde a dois círculos consecutivos da cadeia tem medida $\frac{2\pi}{n}$, onde n é o número de círculos que se pretende inserir (observe-se que após a inversão, todos eles terão mesmo raio $R - r$).

Um pequeno exame no triângulo retângulo ΩYT é suficiente para encontrarmos

$$sen\left(\frac{\pi}{n}\right) = \frac{R-r}{R+r} \tag{6.5}$$

e portanto,

$$\frac{R}{r} = \frac{1 + sen\left(\frac{\pi}{n}\right)}{1 - sen\left(\frac{\pi}{n}\right)}. \tag{6.6}$$

Seja d a distância entre os centros de φ e de μ.

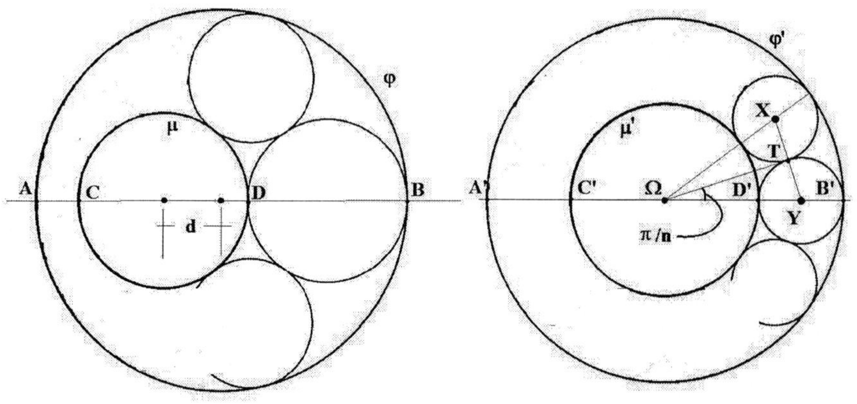

Figura 6.21: Uma trigonometria básica nos fornece $sen\left(\frac{\pi}{n}\right) = \frac{R-r}{R+r}$.

Sabemos que os pontos alinhados A, B, C e D obedecem a razão cruzada $[AB, CD] = [A'B', C'D']$ (ver Seção 1.5, pág. 12).

Reescrevendo tal relação em termos das distâncias, temos, primeiramente, que

$$\begin{aligned}[AB, CD] &= \frac{(r_\varphi - d - r_\mu)(r_\varphi + d - r_\mu)}{(r_\varphi - d + r_\mu)(r_\varphi + d + r_\mu)} \\ &= \frac{(r_\varphi - r_\mu)^2 - d^2}{(r_\varphi + r_\mu)^2 - d^2}\end{aligned}$$

e que

$$[A'B', C'D'] = \frac{(R-r)^2}{(R+r)^2}.$$

Agora, de $[AB, CD] = [A'B', C'D']$ obtemos facilmente

$$(r_\varphi - r_\mu)^2 - d^2 = r_\varphi . r_\mu \left(\frac{R}{r} + \frac{r}{R} - 2\right)$$

e das relações (6.5) e (6.6) chegamos a

$$\boxed{(r_\varphi - r_\mu)^2 - d^2 = 4 r_\varphi . r_\mu . tg^2\left(\frac{\pi}{n}\right).}$$

Essa é, portanto, a relação a que devem obedecer os raios de φ e de μ, a distância entre seus centros e a quantidade n de círculos que se pretende inserir para que a cadeia se feche perfeitamente.

Observação 6.2. *É interessante o que ocorre com os centros das circunferências que compõem a cadeia. Eles percorrerão uma elipse. É bem simples verificar que a configuração genérica ocorre como na figura 6.22. Se P é um de tais centros, então a soma das distâncias de P aos centros de φ e de μ será $r_\varphi + r_\mu$, e, portanto, esse ponto percorrerá uma elipse cujos focos são os centros de φ e de μ.*

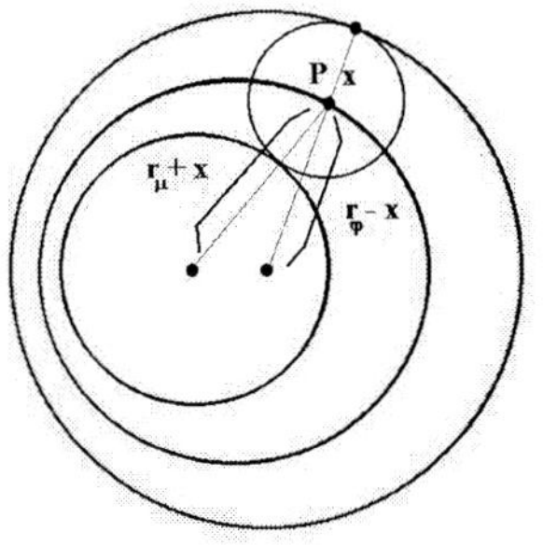

Figura 6.22: Os centros P perfarão a elipse cujos focos são os centros de φ e de μ, e de forma que a soma das distâncias aos focos é igual à soma dos raios de φ e de μ.

Capítulo 7

Uma Aplicação Clássica: Os Problemas de Apolônio

Apolônio de Perga viveu por volta do terceiro século antes de Cristo e foi uma das mentes iluminadas que trabalharam em Alexandria. Sua obra mais famosa foi um importantíssimo tratado sobre as cônicas. Mas, também, tornou célebres aqueles problemas que levaram seu nome.

Os *problemas de Apolônio* consistem em, dadas três coisas no plano, cada uma das quais podendo ser um círculo, uma reta ou um ponto, obter um círculo tangente a essas três coisas. Aqui, ao dizermos que um círculo deve ser tangente a um ponto, significa que sua circunferência deve passar por esse ponto.

A multiplicidade de posições relativas entre essas três coisas, bem como a pequena quantidade de ferramentas matemáticas disponíveis à época, tornaram esse conjunto de problemas um desafio para aqueles que desejassem resolvê-lo da forma mais completa possível.

Os problemas de Apolônio são em número de dez:

"Construir um círculo...

1. passando por três pontos dados;
2. passando por dois pontos dados e tangente a uma reta dada; (V)
3. passando por dois pontos dados e tangente a um círculo dado; (V)
4. passando por um ponto dado e tangente a duas retas dadas; (V)
5. passando por um ponto dado e tangente a dois círculos dados; (V)
6. passando por um ponto dado e tangente a uma reta e a um círculo dados; (V)
7. tangente a três retas dadas;
8. tangente a duas retas dadas e a um círculo dado;
9. tangente a uma reta dada e a dois círculos dados; (V)
10. tangente a três círculos dados". (V)

A seguir, iremos exibir resoluções de alguns desses problemas. Não é nossa intenção esgotar aqui as possibilidades de solução, mas mostrar como a inversão geométrica nos ajuda a obter soluções rápidas e elegantes.

É bom que se reforce, antes de mais nada, que nosso objetivo aqui é mostrar a praticidade e a fluência da inversão geométrica na resolução desses problemas, e não forçar o uso de tal ferramenta, levando eventualmente a situações mais complicadas ou antinaturais. Nesse sentido, podemos, por exemplo, observar que não há necessidade alguma de se usar inversões para resolver os problemas 1 e 7 acima que, como se pode facilmente notar, tratam da obtenção dos círculos inscrito, circunscrito e ex-inscritos em um triângulo, algo que se resolve simplesmente usando propriedades de mediatrizes e bissetrizes - os casos particulares, onde, por exemplo, duas de tais retas são paralelas, se resolvem ainda mais facilmente. Além disso, é importante apontar que os problemas de Apolônio foram resolvidos com auxílio de diversas ferramentas distintas ao longo da história, e a inversão - recurso não existente nos tempos de Apolônio - é apenas uma das maneiras que existem para se fazer isso.

Limitaremo-nos, portanto, aos oito problemas restantes.

Problema 2

Construir um círculo passando por dois pontos dados e tangente a uma reta dada.

Sejam dados dois pontos distintos A e B e uma reta t. Construir um círculo tangente a t e cuja circunferência passa por A e B.

Temos quatro possibilidades de configuração inicial para esse problema, duas das quais, como veremos, não admitem solução.

Nos casos em que A e B pertencem ambos à reta t, não existirá solução, pois qualquer circunferência passando por A e B será evidentemente secante a t.

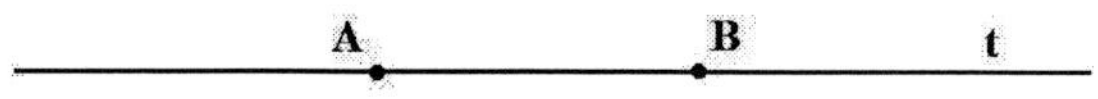

Figura 7.1: Qualquer circunferência passando por A e B é secante a t.

Quando apenas um de tais pontos pertence a t (digamos, o ponto A), traçamos a perpendicular a t por esse ponto (esta será, evidentemente, o lugar geométrico dos centros dos círculos que tangenciarão t), que encontrará a mediatriz de $\overline{AB}$ em um ponto O. Esse ponto, equidistante de A e de B, será evidentemente o centro do círculo procurado.

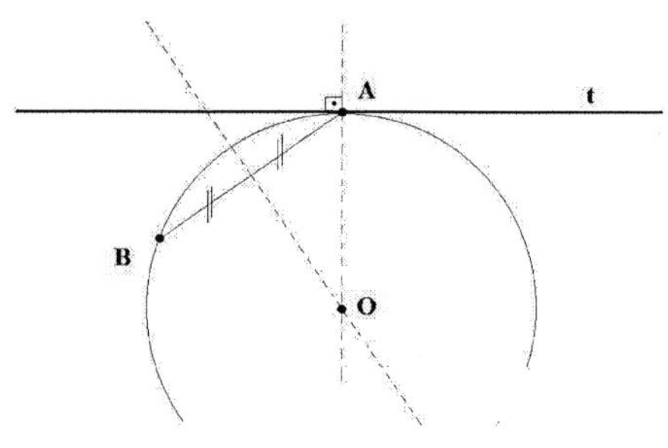

Figura 7.2: O círculo de centro O e raio $|\overline{OA}|$ fornece a única solução para este caso.

A unicidade do ponto O estará garantindo a unicidade da solução para este caso do problema.

Vamos agora investigar os dois casos em que nenhum dos pontos está em t.

Se A e B estão de lados opostos de t, nenhuma solução é admitida, pois toda circunferência que passar por A e B será secante[1] a t.

Para A e B não pertencentes a t e num só dos semiplanos determinados por essa reta, tomamos qualquer um desses pontos (digamos, o ponto A) e por ele baixamos a perpendicular a t, que a encontrará em um ponto P.

Uma inversão com centro em A e raio $|\overline{AP}|$ resolve facilmente este caso.

Note-se que a inversa t' da reta t é a circunferência de diâmetro $\overline{AP}$.

Pelo ponto B', inverso de B, traçamos as duas tangentes m e n a t'.

Então as inversas m' e n', que são circunferências que passam pelo centro de inversão A, passarão por $(B')' = B$ e tangenciarão $t = (t')'$.

[1] Embora intuitivamente aceitável, tal fato só se comprova rigorosamente recorrendo-se a uma ferramenta não trivial - o Axioma da Continuidade de Dedekind. Uma vez que nosso objetivo aqui está longe de compor um tratado sobre os fundamentos da geometria, limitar-nos-emos, sem maiores comentários, a usar naturalmente o fato de que uma circunferência com pontos em dois semiplanos determinados por uma reta será secante a essa reta.

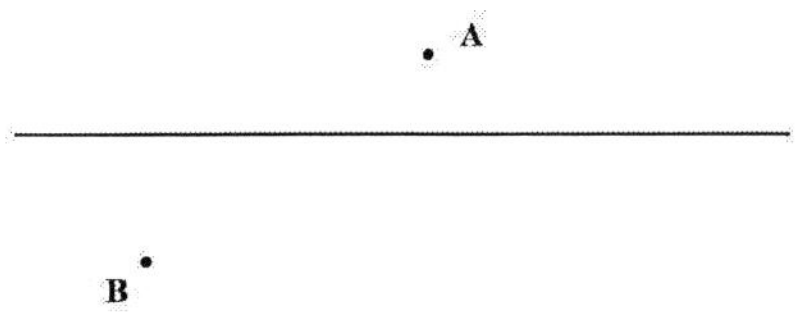

Figura 7.3: Toda circunferência que passa por A e B seccionará t.

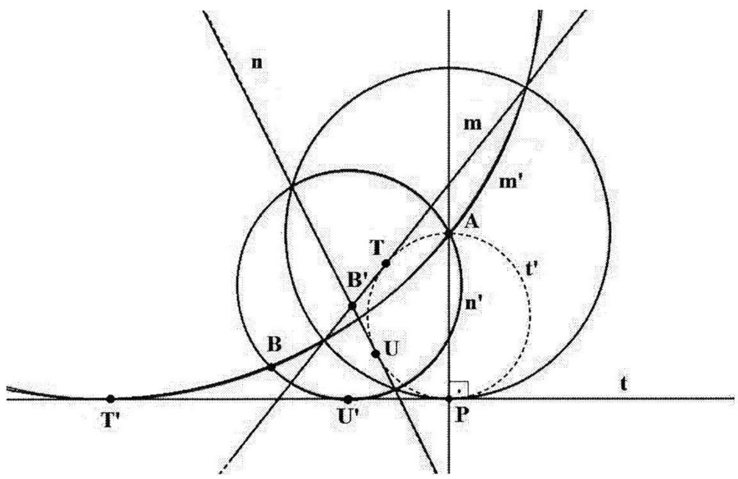

Figura 7.4: A e B não pertencentes a t e num só dos semiplanos determinados por essa reta. Exatamente duas soluções para este caso.

Observação 7.1. *Os inversos T' e U' dos pontos de tangência T e U com t' serão, evidentemente, os pontos de tangência das soluções (os círculos) m' e n' com a reta t.*

Observação 7.2. *As duas tangentes a t' pelo ponto B' fornecem, como vimos, as duas soluções encontradas (basta invertê-las). No caso particular em que $\overline{AB}$ é paralelo a t uma de tais tangentes passará pelo ponto A (o centro de inversão) e sua inversa será essa própria reta. Neste caso a única solução para esse problema será a inversa da outra tangente. Em face do que vimos, portanto, este problema 2 poderá ter nenhuma, uma ou até duas soluções.*

Problema 3

Construir um círculo passando por dois pontos dados e tangente a um círculo dado.

Sejam dados dois pontos distintos A e B e um círculo λ. Construir um círculo tangente a λ e cuja circunferência passa por A e B.

Vamos primeiro atentar para os casos que não admitem solução. Um deles é quando A e B estão ambos na circunferência de λ. Qualquer circunferência que passe por A e B será então no mínimo secante a λ, e, portanto, jamais tangenciaria λ.

Outro caso que não admite solução é aquele no qual um dos pontos está no interior e outro no exterior de λ. Nenhuma circunferência que passe por ambos poderia tangenciar λ, pois para que tal ocorresse, ela deveria ter pontos apenas no interior ou apenas no exterior de λ, com exceção do ponto de tangência.

Para as situações em que apenas um dos pontos está sobre a circunferência de λ, podemos adotar um raciocínio bem simples.

Para fixar as ideias, suponhamos que seja A o ponto sobre a circunferência de λ. Ele deve ser, portanto, o próprio ponto de tangência. Sabemos que qualquer círculo tangente a λ em A deverá ter seu centro Z sobre a reta OA. Além disso, o centro Z deve estar evidentamente na mediatriz t do segmento $\overline{AB}$. Se o segmento $\overline{AB}$ não é perpendicular à reta OA, então essa reta e a mediatriz t não serão paralelas e portanto haverá um único

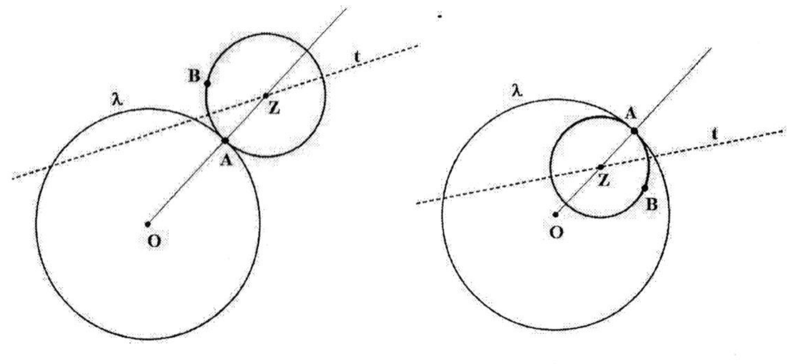

Figura 7.5: O centro do círculo procurado deve estar sobre a reta OA.

encontro Z entre essas duas retas, o que nos fornecerá assim uma única solução (um único círculo) de centro Z e raio $|\overline{ZA}| = |\overline{ZB}|$ que tangenciará λ. Na figura 7.5 vemos as duas possibilidades de ocorrência disso. Na da esquerda, com B exterior a λ, a solução é um círculo tangente exteriormente a λ. Na da direita, com B interior a λ, a solução é um círculo tangente interiormente a λ.

Resta agora que tratemos dos casos em que A e B estão ambos no interior ou ambos no exterior de λ. Esses serão os casos em que usaremos inversão.

Se A e B estão ambos no interior de λ, tomemos seus inversos A' e B' com respeito a λ.

Seja μ a circunferência de centro A' ortogonal a λ. Então, como sabemos, μ será invertida em si mesma por essa inversão.

Seja B'' o inverso de B' com respeito a μ. Por esse ponto, traçamos as tangentes s e t a λ. Os inversos s' e t' com respeito a μ serão, então, circunferências tangentes a λ, passando por A' e por B'.

Invertendo s' e t' com respeito a λ, teremos, então, duas circunferências ainda tangentes a λ, ambas passando por A e B.

Sejam λ e μ duas circunferências ortogonais de centros O e W, respectivamente, e seja P um ponto não pertencente à reta dos centros.

Se s e t são as retas OP e WP respectivamente, então s e t não são paralelas. Além disso, a inversa $\overline{s}$ de s com respeito a μ é uma circunferência passando por W, tangente à reta u que passa por W e é paralela a s, e que também é ortogonal a λ (pois s é ortogonal a λ, e λ é sua própria inversa);

Uma vez que t e u não são paralelas (no plano ordinário se intersectam apenas em W), então t encontrará $\overline{s}$ em um outro ponto X.

Sendo X um ponto de $\overline{s}$ e $\overline{s}$ ortogonal a λ, então o inverso Y de X com respeito a λ ainda é um ponto de $\overline{s}$.

Seja Z o inverso de Y com respeito a μ. Então $Z \in s$.

a inversa t' de $'$ com respeito a λ é uma circunferência passando por O, tangente à reta v que passa por O e é paralela a t, e que também é ortogonal a μ (pois t é ortogonal a μ, e μ é sua própria inversa);

Uma vez que s e v não são paralelas (no plano ordinário se intersectam apenas em O), então s encontrará t' em um outro ponto $J \neq O$.

Segue que Z é o inverso de P com respeito a λ (pois $Z \in t'$ e portanto $Z' \in t$).

Problema 4

Construir um círculo passando por um ponto dado e tangente a duas retas dadas.

Sejam dadas duas retas r e s e um ponto A. Construir um círculo tangente a r e a s e cuja circunferência passa por A.

Se r e s são paralelas, há uma situação em que não se admite solução. É aquela onde A não pertence a nenhuma das retas e também não está na região compreendida *entre* as duas.

Isso porque qualquer circunferência passando por A e tangenciando uma dessas retas, fatalmente seccionará a outra (figura 7.6).

Na situação em que $r \| s$ e A está em uma delas (por exemplo, $A \in r$), então o ponto A será o próprio ponto de tangência, e o centro da solução (o círculo tangente a r e a s) estará na reta t equidistante de r e de s, paralela a ambas. Bastará, portanto, observar que a intersecção de t com a perpendicular a r por A será o centro C do círculo procurado (figura 7.7).

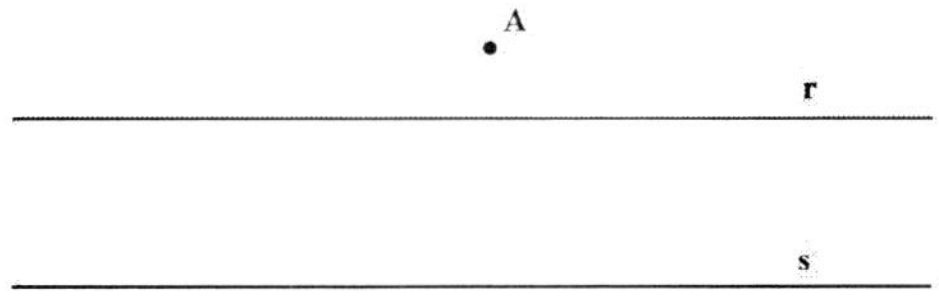

Figura 7.6: Qualquer circunferência passando por A e tangenciando s será secante a r.

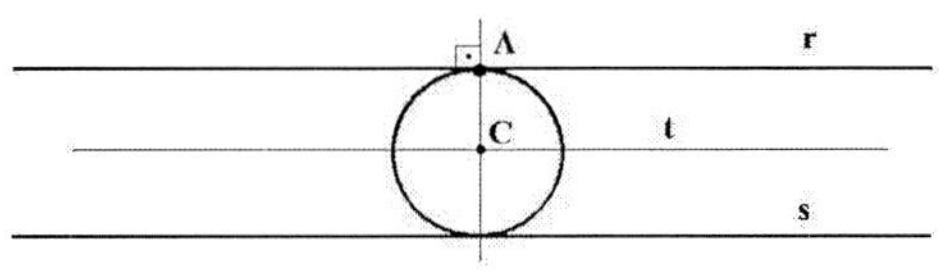

Figura 7.7: O ponto A será o próprio ponto de tangência com r.

Se A não está em nenhuma dessas retas, mas, está na região delimitada por ambas, então os centros das eventuais soluções ainda estarão na reta t equidistante de r e de s, paralela a ambas. Com centro em A e raio igual à distância entre t e cada uma das paralelas (figura 7.8), traça-se uma circunferência μ, que encontrará t em dois pontos C e D que serão, portanto, os centros das *duas* soluções.

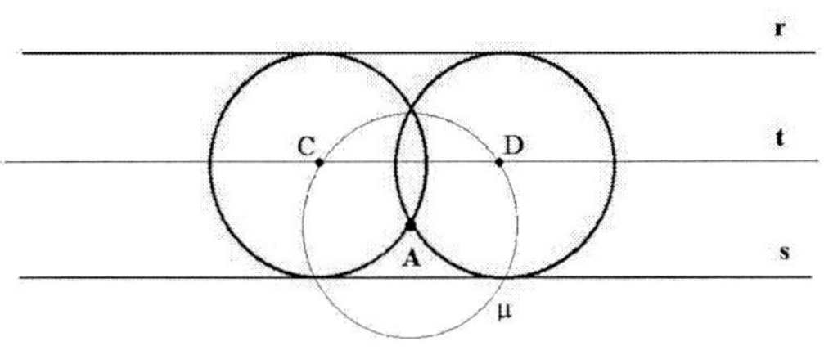

Figura 7.8: Centros em C e D e raios $|\overline{CA}|$ fornecem as duas soluções.

Passemos agora às situações em que r e s são concorrentes. Se A é o próprio ponto de concurso entre elas, então não se admitirá solução, pois qualquer circunferência passando por A e tangente a uma de tais retas será secante à outra.

Se A está em apenas uma delas (digamos, r) novamente os centros das eventuais soluções estarão sobre as bissetrizes dos ângulos que elas determinam (figura 7.9). Para acharmos tais soluções, basta traçarmos a perpendicular a r por A, que encontrará essas bissetrizes em dois pontos C e D. Esses serão os centros das duas soluções.

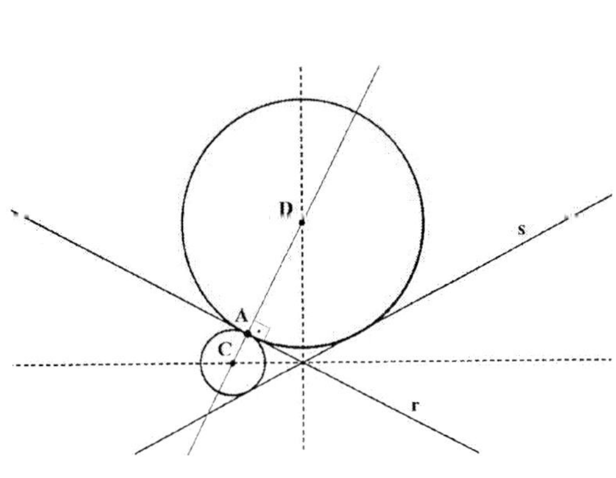

Figura 7.9: Centros em C e D e raios $|\overline{CA}|$ fornecem novamente as duas soluções.

Vamos agora à última situação - àquela onde r e s são concorrentes e A não pertence a nenhuma delas. É neste momento que usaremos inversão.

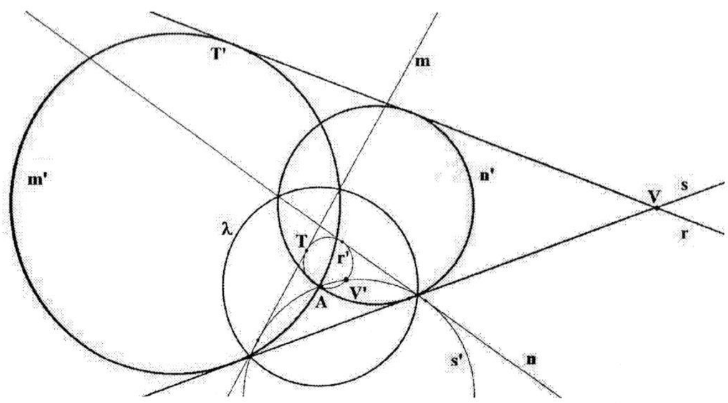

Figura 7.10: m' e n' são as duas soluções procuradas.

Com centro em A, traçamos uma circunferência λ de raio qualquer.

Uma vez que A não pertence a r nem a s, então as inversas r' e s' (com respeito a λ) são circunferências que passam por A (figura 7.10). r' e s' são *secantes* por se encontrarem em A e no inverso do ponto V de intersecção entre as retas r e s.

Sejam m e n as tangentes comuns a essas duas circunferências. Nenhuma dessas retas passa por A, pois, caso contrário, ela teria pontos interiores a algum desses círculos. Segue que as inversas m' e n' são circunferências que passam por A e também são tangentes a r e a s (inversas de r' e s', respectivamente). m' e n' são, portanto, as *duas* soluções procuradas.

Observação 7.3. *Os mesmos passos que demos aqui para a última situação, usando inversão, poderiam ter sido usados nas situações anteriores (inclusive naquelas onde não se admite solução, momentos em que a própria inversão colocará isso evidente). Adotamos uma explanação mais minuciosa de cada situação apenas para facilitar a visibilidade da multiplicidade de situações deste caso.*

Como exemplo, a figura 7.11 ilustra a geometria inversiva sendo usada de forma idêntica à descrita acima para a situação em que A está na região entre as paralelas:

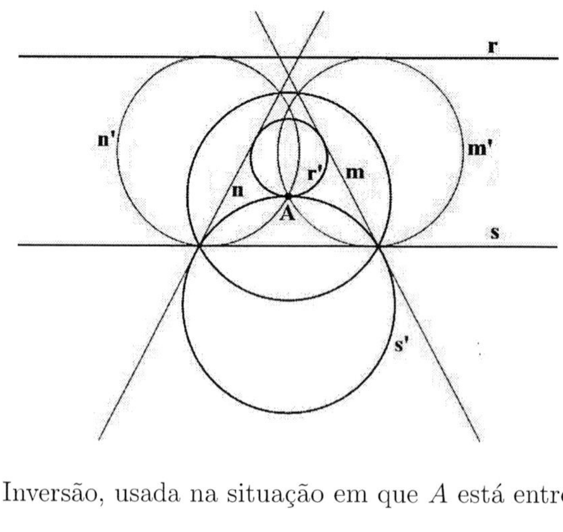

Figura 7.11: Inversão, usada na situação em que A está entre as paralelas.

Iremos doravante, no entanto, limitarmo-nos apenas ao uso das inversões quando de fato elas resolverem as situações em forma geral.

Problema 5

Construir um círculo passando por um ponto dado e tangente a dois círculos dados.

Sejam dados um ponto A e dois círculos φ e μ. Construir um círculo que passa por A e que seja tangente a φ e a μ.

Quando φ e μ são exteriores e A é exterior a ambos os círculos, podemos ter até quatro soluções.

Seja λ a circunferência com centro em A e ortogonal a φ (figura 7.12). A inversão com respeito a λ levará φ em si mesmo, e μ em uma outra circunferência μ' que não passa por A.

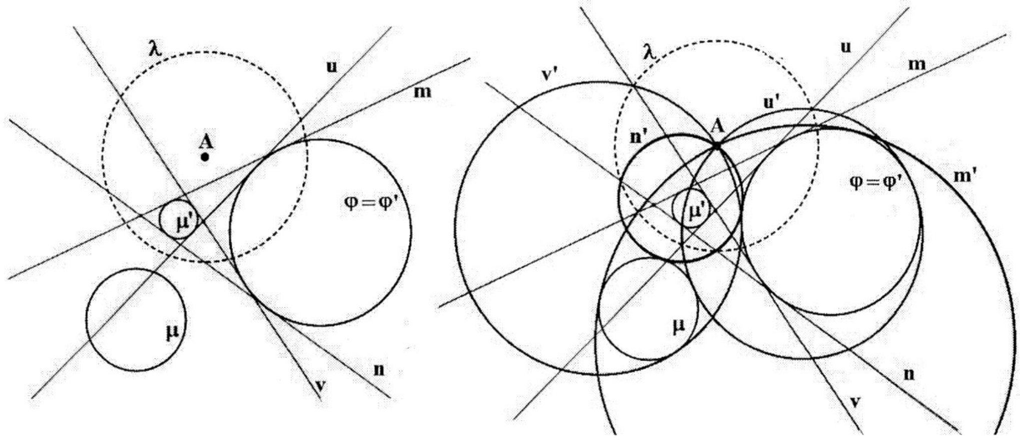

Figura 7.12: À esquerda, as quatro tangentes comuns a μ' e a $\varphi = \varphi'$. À direita, suas respectivas inversas - que compõem as soluções.

Sejam m, n, u e v as quatro tangentes comuns[2] a μ' e a $\varphi = \varphi'$. Suas inversas são circunferências que passam pelo centro de inversão A. Tais circunferências tangenciam μ e φ, pois foram produto de inversões de retas que tangenciavam μ' e a $\varphi = \varphi'$. São, portanto, as soluções do problema. ✓

Na situação particular em que φ e μ são exteriores, A é exterior a ambos os círculos mas situa-se sobre *apenas uma* das tangentes comuns (como, por exemplo, o caso da figura 7.13), apenas três soluções podem existir.

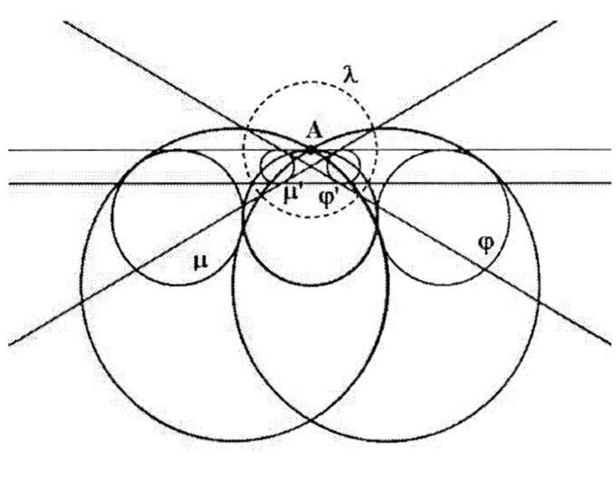

Figura 7.13: Apenas três soluções - pois uma das retas será invertida em si mesma, e não em uma circunferência.

Analogamente, para φ e μ exteriores, A exterior a ambas e na intersecção entre *duas* das tangentes comuns teremos duas soluções.

Uma vez que, dados dois círculos exteriores, não pode haver um ponto comum a *três* das quatro tangentes comuns[3], a situação que ora estudamos deve sempre admitir duas, três ou quatro soluções - ou seja, sempre haverá solução para ela, porém não será uma única. ✓

Observação 7.4. *Deixamos aqui para o leitor o exame de todas as outras situações particulares deste caso. Por exemplo: quando os círculos são exteriores e o ponto dado está no interior de um deles, é imediato que não haverá solução.*

[2]A construção das tangentes comuns, interiores e exteriores, é detalhada nas observações 3.16 e 3.17, à pág. 53.

[3]Caso contrário, por um ponto fora de um círculo poder-se-ia traçar mais de duas tangentes distintas a ele.

Problema 6

Construir um círculo passando por um ponto dado e tangente a uma reta e a um círculo dados.

Sejam dados um ponto A, uma reta s e um círculo φ. Construir um círculo que passa por A e que seja tangente s e a φ.

Vamos aqui tratar da situação mais genérica, onde não há intersecção entre duas quaisquer dessas figuras. As demais situações são deixadas ao leitor.

Seja λ a circunferência de centro A e ortogonal a φ (figura 7.14). Invertendo com respeito a ela, φ será sua própria inversa e s' será uma circunferência passando por A. Observe que na presente situação s' e φ' são circunferências exteriores.

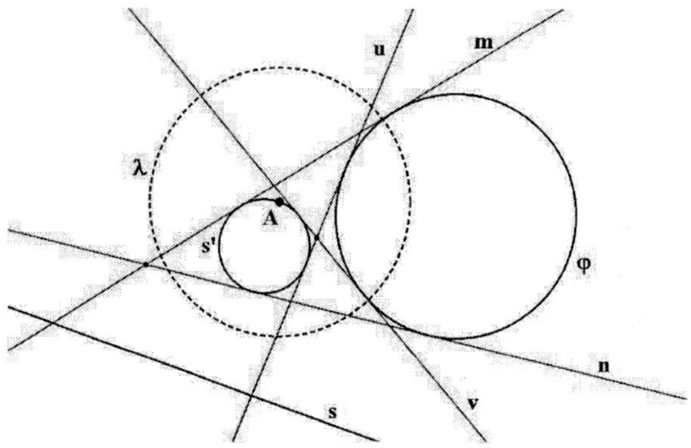

Figura 7.14: Situação mais geral possível: quatro soluções.

Se m, n, u e v são as quatro tangentes comuns a s' e a $\varphi' = \varphi$, então (se nenhuma de tais retas passa por A) suas inversas m', n', u' e v' serão circunferências que passam por A e tangenciam S e φ. Essas serão, portanto, as quatro soluções (figura 7.15). ✓

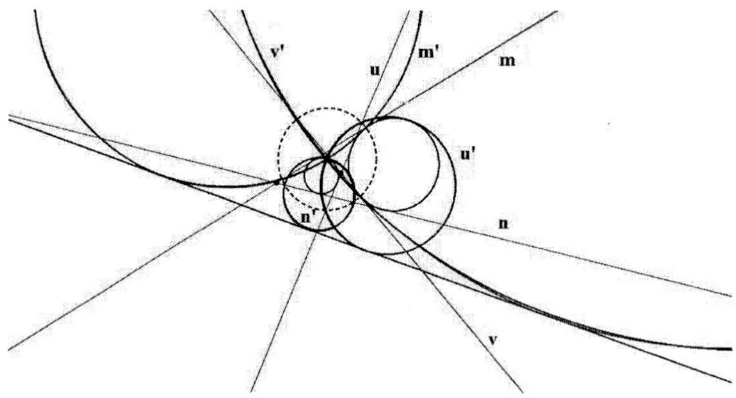

Figura 7.15: As quatro soluções.

Observação 7.5. *Quando o ponto A é precisamente um dos pontos de tangência em que uma das tangentes comuns encontra s', então essa tangente será invertida em si mesma - e não em uma circunferência. Desta forma, nesta mesma situação já se verificam possibilidades de menos de quatro soluções. Aconselhamos um exame atento para tais possibilidades.*

Problema 8

Construir um círculo tangente a duas retas dadas e a um círculo dado.

Sejam dadas duas retas s e t, e um círculo λ. Construir um círculo simultaneamente tangente a s, t e a λ.

Vamos aqui analisar a situação genérica em que s e t são concorrentes (num ponto V, digamos) e o centro de φ não pertence a nenhuma delas. As demais situações possíveis são deixadas a cargo do leitor.

Seja ℓ o raio de λ. Sejam $\overline{s}$ paralela a s e $\overline{t}$ paralela a t, ambas à mesma distância ℓ com respeito às respectivas retas, de acordo com a figura 7.16.

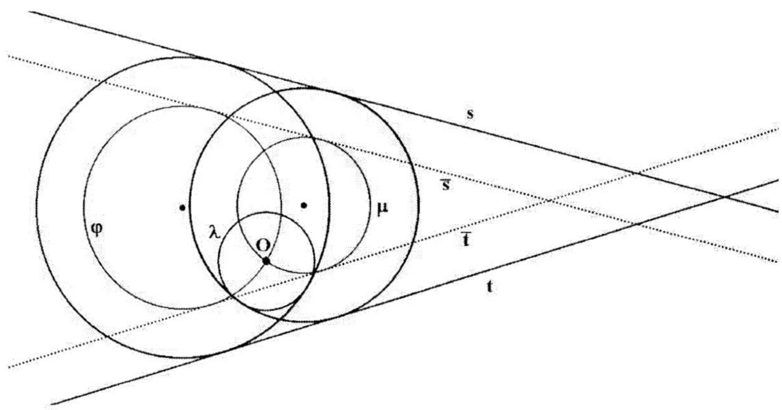

Figura 7.16: As tangentes interiores.

Usando o procedimento geral descrito no problema 4, construimos os círculos φ e μ passando pelo centro O de λ e tangentes a $\overline{s}$ e a $\overline{t}$.

Aumentando agora seus respectivos raios segundo o mesmo comprimento ℓ, obtemos evidentemente dois círculos que tangenciam s e t, e também tangenciam (interiormente) λ.

Tomando agora as retas $\overline{\overline{s}} \parallel s$ e $\overline{\overline{t}} \parallel t$, à mesma distância ℓ de s e t respectivamente (figura), usamos novamente o procedimento do problema 4 para construir os círculos que passam por O e tangenciam $\overline{\overline{s}}$ e $\overline{\overline{t}}$ (figura 7.17). Agora subtraimos o mesmo comprimento ℓ de seus respectivos raios, obtendo evidentemente dois círculos que tangenciam s e t, e também tangenciam (exteriormente) λ. Essas são as quatro soluções para este caso.

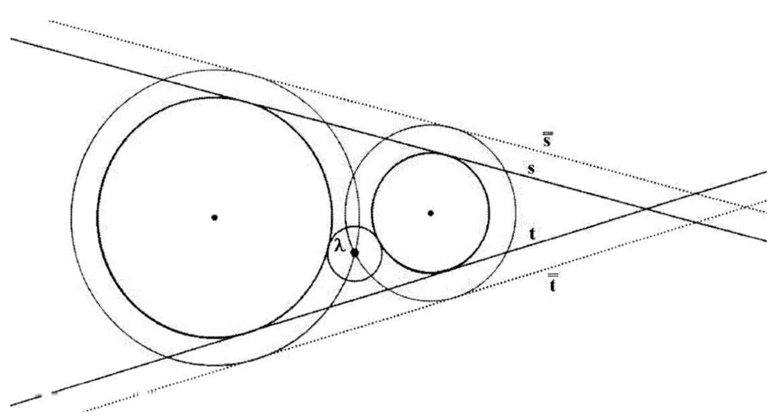

Figura 7.17: As tangentes exteriores.

Na figura 7.18 podemos ver o quadro geral.

Problema 9

Construir um círculo tangente a dois círculos dados e a uma reta dada.

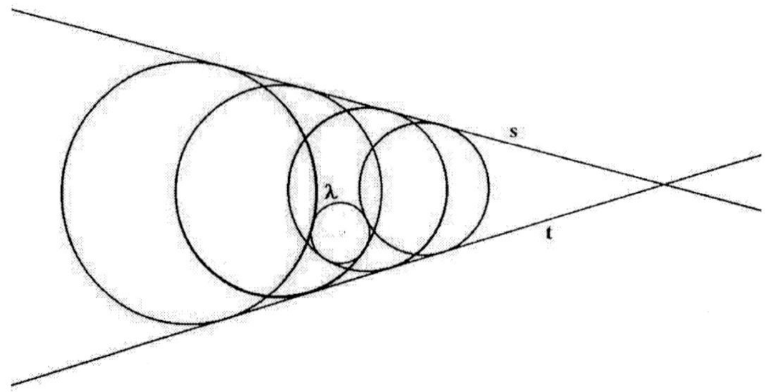

Figura 7.18: O quadro geral.

Sejam dados dois círculos φ e μ e uma reta t. Construir um círculo tangente a φ, a μ e a essa reta t.

Vamos aqui tratar com a situação em que φ e μ são exteriores e estão ambas em um dos semiplanos determinados por t (a propósito, caso estivessem em semiplanos opostos não haveria solução). As demais situações são deixadas a cargo do leitor.

Sejam ℓ e O o raio e o centro de μ, respectivamente.

Traçamos uma reta $\bar{t}$ paralela a t, a uma distância ℓ de t, e de modo que $\bar{t}$ não esteja no mesmo semiplano que φ e μ.

Vamos utilizar o procedimento do problema 6, diminuindo de ℓ o raio de φ, obtendo um novo círculo, e construindo os círculos que passam por O, tangentes a esse novo círculo e que também tangenciam $\bar{t}$ (figura 7.19).

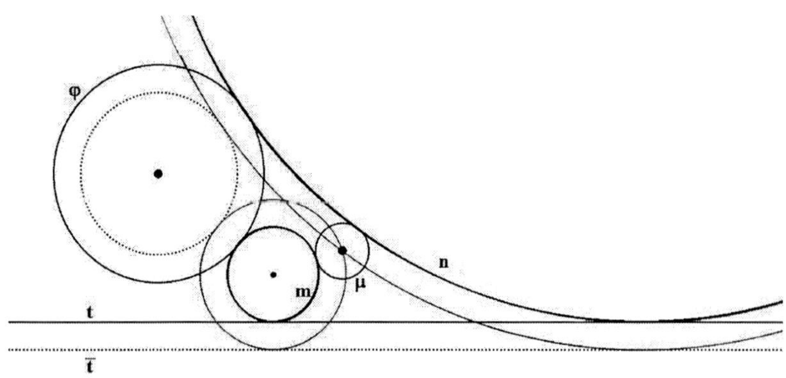

Figura 7.19: m e n são tangentes a t e tangentes exteriormente a φ e a μ.

Diminuindo de ℓ os raios desses círculos, encontraremos evidentemente os círculos m e n tangentes a $\bar{t}$ e tangentes exteriormente a φ e a μ.

Procedendo agora da mesma forma, só que desta vez utilizando a paralela $\bar{\bar{t}}$ no semiplano oposto, obtemos os círculos que passam por O e tangenciam $\bar{\bar{t}}$ e também o círculo com mesmo centro de φ e raio diminuído de ℓ (figura 7.20).

Aumentando de ℓ os raios desses círculos, obteremos os círculos u e v que tangenciam t, além de tangenciarem internamente φ e μ.

Aumentando de ℓ o raio de φ e trabalhando com $\bar{t}$ obtemos os círculos γ e ψ, ambos tangenciando φ internamente e μ externamente (figura 7.21).

Finalmente, aumentando de ℓ o raio de φ e trabalhando com $\bar{\bar{t}}$ obtemos os círculos η e ω tangentes a t, ambos tangentes interiormente a μ e exteriormente a φ (figura 7.22).

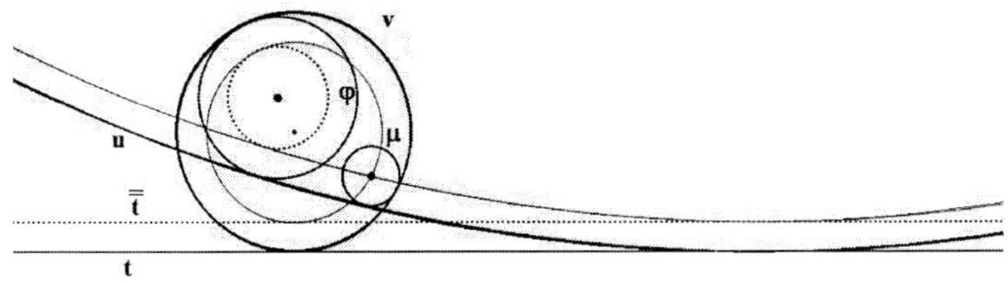

Figura 7.20: u e v são tangentes a t e tangentes interiormente a φ e a μ.

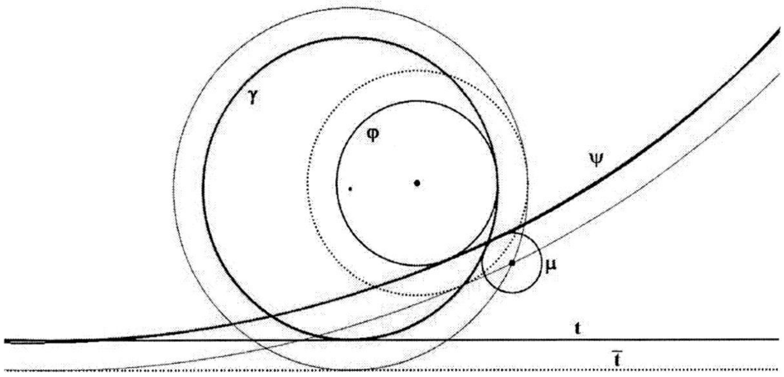

Figura 7.21: γ e ψ tangenciam φ internamente e μ externamente.

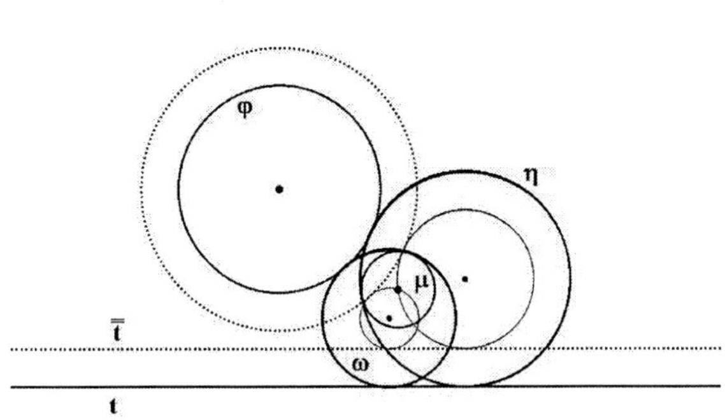

Figura 7.22: η e ω tangenciam φ exteriormente e μ internamente.

Observação 7.6. *Aconselhamos fortemente que se vá efetuando as contruções indicadas para descobrir quais retas inverter no processo descrito no problema 6 pois, em cada situação, há dois pares de retas tangentes comuns (duas internas e duas externas).*

Problema 10

Construir um círculo tangente a três círculos dados.

Sejam dados três círculos φ, μ e ψ. Construir um círculo que tangencie simultaneamente esses três círculos.

Vamos aqui tratar com a situação mais geral em que os três círculos são exteriores dois a dois. As análises das demais situações são deixadas a cargo do leitor.

Com centro num ponto qualquer da circunferência φ, construimos o círculo γ ortogonal a μ. Invertendo todo o conjunto com respeito a γ, teremos que φ' é uma reta, $\mu' = \mu$ e ψ' é outra circunferência.

A situação então é remetida ao problema 9 (encontrar círculos tangentes a uma reta e a dois círculos dados). Encontrando tais soluções naquela situação, bastará invertê-las com respeito a λ. ✓

Observação 7.7. *Na situação particular em que φ, μ e ψ se encontram em um único ponto comum Ω, uma inversão com centro em Ω e raio qualquer tansforma φ, μ e ψ em três retas concorrentes duas a duas, e o problema se reduz a obter o círculo inscrito e os ex-inscritos a um triângulo.*

Na situação em que (por exemplo) φ e μ se encontram em um ponto Ω que não está em ψ, uma inversão com centro em Ω e raio qualquer leva à situação de traçar círculo tangente a duas retas e a um círculo dado.

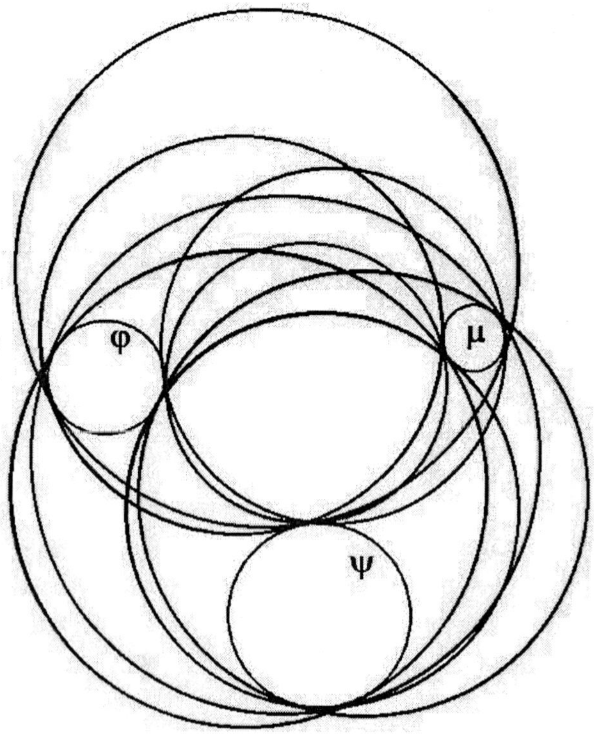

Figura 7.23: A situação geral. Podemos ter até oito circunferências.

Capítulo 8

Resolução de Problemas de Olimpíadas Usando Inversões

Neste capítulo pretendemos oferecer mais um vislumbre do poder de síntese da geometria inversiva enquanto alternativa para resolver problemas de olimpíadas. Começaremos por mostrar alguns problemas resolvidos, e após isso deixaremos uma série de problemas propostos.

8.1 Problemas Resolvidos

V Olimpíada Iberoamericana de Matemática - Problema 2

Em um triângulo ABC, sejam I o centro da circunferência inscrita e D, E e F seus pontos de tangência com os lados $\overline{BC}$, $\overline{AC}$ e $\overline{AB}$, respectivamente.

Seja P o outro ponto de intersecção da reta AD com a circunferência inscrita.

Se M é o ponto médio de EF, demonstrar que os quatro pontos P, I, M e D pertencem a uma mesma circunferência ou estão alinhados.

Resolução

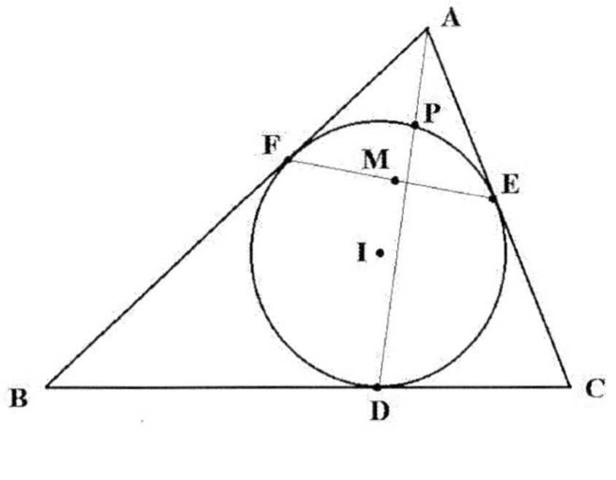

Figura 8.1: Observe que A é o inverso de M com respeito ao incírculo.

Observe-se que M e A são inversos um do outro com respeito a esse círculo inscrito (veja a seção 1.3, pág. 7, sobre a construção geométrica do inverso de um ponto dado).

Como D e P estão sobre essa circunferência, cada um deles é seu próprio inverso.

Como A, P e D estão por hipótese alinhados, então seus inversos $A' = M$, $P' = P$ e $D' = D$ estarão:

- nessa própria reta AD, caso ela passe pelo centro I de inversão;
- num arco de círculo que passa por I, caso a reta AD não passe pelo centro de inversão.

$\checkmark$

Observação 8.1. *No caso em que a reta AD passa pelo centro I de inversão, veja que a reta será bissetriz e altura, quando então o triângulo ABC será isósceles.*

IMO (International Math Olympiad), 2003 - shortlist

Sejam Γ_1, Γ_2, Γ_3, Γ_4 círculos distintos tais que Γ_1, Γ_3 são tangentes externamente em P, e Γ_2, Γ_4, são tangentes externamente no mesmo ponto P. Suponha que Γ_1 e Γ_2; Γ_2 e Γ_3; Γ_3 e Γ_4; Γ_4 e Γ_1 se encontram em A, B, C e D, respectivamente, sendo todos esses pontos distintos de P. Prove que

$$\frac{|\overline{AB}|.|\overline{BC}|}{|\overline{AD}|.|\overline{DC}|} = \frac{|\overline{PB}|^2}{|\overline{PD}|^2}.$$

Resolução

Com centro P e raio qualquer r, invertamos o conjunto todo.

Observe que Γ_1 e Γ_2 são invertidas em retas paralelas, e que o mesmo acontece com respeito a Γ_2 e Γ_4.

Segue, portanto, que os inversos A', B', C' e D' formam, nesta ordem, um paralelogramo. Em particular, $|\overline{B'C'}| = |\overline{A'D'}|$ e $|\overline{A'B'}| = |\overline{C'D'}|$.

Da expressão para comparação entre segmentos (Seção 1.4, pág. 9), obtemos

$$|\overline{AB}| = \frac{|\overline{PA}|.|\overline{PB}|.|\overline{A'B'}|}{r^2},$$

$$|\overline{AD}| = \frac{|\overline{PA}|.|\overline{PD}|.|\overline{A'D'}|}{r^2},$$

$$|\overline{BC}| = \frac{|\overline{PB}|.|\overline{PC}|.|\overline{B'C'}|}{r^2}$$

e

$$|\overline{CD}| = \frac{|\overline{PC}|.|\overline{PD}|.|\overline{C'D'}|}{r^2}.$$

A expressão solicitada segue agora imediatamente. ✓

8.2 Problemas Propostos de Olimpíadas

1. (**IMO 1996, Problema** 2) Seja P um ponto no interior de um triângulo ABC tal que

$$\widehat{APB} - \widehat{C} = \widehat{APC} - \widehat{B}.$$

Sejam D e E os incentros dos triângulos APB e APC, respectivamente. Mostre que AP, BD e CE se encontram em um ponto.

2. (**Olimpíada Chinesa,** 2006) Seja $ABDE$ um quadrilátero inscrito em um círculo de diâmetro $\overline{AB}$, e cujas diagonais se encontram em C. Seja γ o circuncírculo do triângulo BOD, onde O é o ponto médio de $\overline{AB}$. Seja F um ponto de γ tal que $\overline{OF}$ é um diâmetro de γ, e seja G o outro ponto de γ no qual a reta FC encontra essa circunferência. Prove que A, O, G e E são concíclicos.

3. (**USAMO - Olimpíada Matemática dos Estados Unidos,** 2009) O trapézio $ABCD$, com $\overline{AB} \parallel \overline{CD}$, está inscrito no círculo ω e o ponto G é interior ao triângulo BCD. As semirretas $\overrightarrow{AG}$ e $\overrightarrow{BG}$ encontram ω novamente nos pontos P e Q, respectivamente. A reta paralela a $\overline{AB}$ por G intersecta $\overline{BD}$ e $\overline{BC}$ em R e S, respectivamente. Prove que o quadrilátero $PQRS$ é cíclico se, e somente se, BG bissecta $\widehat{CBD}$.

4. (**BAMO - Bay Area Mathematical Olympiad,** 2008) Um ponto D é interior ao triângulo ABC. Sejam A_1, B_1, C_1 os outros pontos de intersecção das retas AD, BD e CD com os circuncírculos de BDC, CDA e ADB, respectivamente. Prove que

$$\frac{|\overline{AD}|}{|\overline{AA_1}|} + \frac{|\overline{BD}|}{|\overline{BB_1}|} + \frac{|\overline{CD}|}{|\overline{CC_1}|} = 1.$$

5. (**NIMO - National Interactive Olympiad,** 2014) Seja ABC um triângulo e seja Q um ponto tal que $\overline{AB} \perp \overline{QB}$ e $\overline{AC} \perp \overline{QC}$. Um círculo com centro I é inscrito no triângulo ABC, e tangencia $\overline{BC}$, $\overline{CA}$ e $\overline{AB}$ nos pontos D, E e F, respectivamente. Se a semirreta QI intersecta $\overline{EF}$ em P, prove que $\overline{DP} \perp \overline{EF}$.

6. (**EGMO - European Girl's Mathematical Olympiad,** 2013) Seja Ω o circuncírculo do triângulo ABC. O círculo ω é tangente aos lados $\overline{AC}$ e $\overline{BC}$, e é internamente tangente ao círculo Ω no ponto P. Uma reta paralela a $\overline{AB}$ intersectando o interior do triângulo ABC é tangente a ω em Q. Prove que $\widehat{ACP} = \widehat{QCB}$.

7. (**IMO,** 1993) Sejam A, B, C e D quatro pontos no plano, com C e D no mesmo lado da reta AB, e tais que $|\overline{AC}|.|\overline{BD}| = |\overline{AD}|.|\overline{BC}|$ e $\widehat{ADB} = 90^\circ + \widehat{ACB}$. Encontre a razão

$$\frac{|\overline{AB}|.|\overline{CD}|}{|\overline{AC}|.|\overline{BD}|},$$

e prove que os circuncírculos dos triângulos ACD e BCD são ortogonais.

8. (**IMO,** 2015) Seja ABC um triângulo acutângulo com $|\overline{AB}| > |\overline{AC}|$. Sejam Γ seu circuncírculo, H seu ortocentro e F o pé da altura relativa ao vértive A. Seja M o ponto médio de $\overline{BC}$. Seja Q o ponto em Γ tal que $\widehat{HQA} = 90^\circ$ e seja K o ponto em Γ tal que $\widehat{HKQ} = 90^\circ$. Assuma que os pontos A, B, C, K e Q são todos distintos e estão em Γ nessa ordem. Prove que os circuncírculos dos triângulos KQH e FKM se tangenciam.

9. (**ELMO - Experimental Lincoln Math Olympiad, shortlist, 2013**) Sejam ω_1 e ω_2 dois círculos ortogonais, e seja O o centro de ω_1. Um diâmetro $\overline{AB}$ de ω_1 é tomado de forma que B esteja estritamente no interior de ω_2. Os dois círculos tangentes a ω_2 por O e A tocam ω_2 em F e G. Prove que o quadrilátero $FOGB$ é cíclico.

10. (**Olimpíada Israelense de Matemática, 1995**) Seja $\overline{PQ}$ o diâmetro do semicírculo H. O círculo O é tangente internamente a H e tangente a $\overline{PQ}$ em C. Sejam A um ponto em H e B um ponto em $\overline{PQ}$ tais que $\overline{AB} \perp \overline{PQ}$ e é tangente a O. Prove que $\overline{AC}$ bissecta $\widehat{PAB}$.

11. (**IMO 1982, shortlist**) Quatro circunferências distintas, C, C_1, C_2 e C_3 e uma reta ℓ são dadas em um plano, tais que C e ℓ são disjuntas, e cada uma das circunferências C_1, C_2 e C_3 toca as outras duas, além de C e ℓ. Assumindo que o raio de C é 1, determine a distância entre seu centro e ℓ.

12. (**IMO 1986**) A circunferência inscrita no triângulo ABC é tangente aos lados $\overline{BC}$, $\overline{CA}$ e $\overline{AB}$ em D, E e F, respectivamente. X, Y e Z são pontos médios de EF, FD e DE, respectivamente. Provar que os centros do círculo inscrito e das circunferências circunscritas de XYZ e ABC são colineares.

13. (**OBM - Olimpíada Brasileira de Matemática, 2019**)Seja ABC um triângulo acutângulo inscrito em um círculo Γ de centro O. Seja D o pé da altura relativa ao vértice A. Sejam E e F pontos sobre Γ tais que $|\overline{AE}| = |\overline{AD}| = |\overline{AF}|$. Sejam P e Q os pontos de intersecção da reta EF com os lados $\overline{AB}$ e $\overline{AC}$, respectivamente. Seja X o segundo ponto de intersecção de Γ com o círculo circunscrito ao triângulo APQ. Mostre que as retas XD e AO encontram-se em um ponto que está sobre Γ.

Capítulo 9

A Projeção Estereográfica Plana

Nesta seção, ao contrário das anteriores, faremos uso de um pouco de geometria analítica, com a finalidade de melhor explanar a projeção estereográfica e relacionar esse assunto com aquilo que será visto na Parte II, que trata da extensão dimensional da inversão geométrica.

Absolutamente, nenhuma matemática superior será usada ainda na presente seção. Aqui se requer tão somente os rudimentos daquilo que seria a introdução à geometria analítica, algo equiparável ao que comumente é ministrado no início do tereciro ano do ensino médio na maioria das escolas.

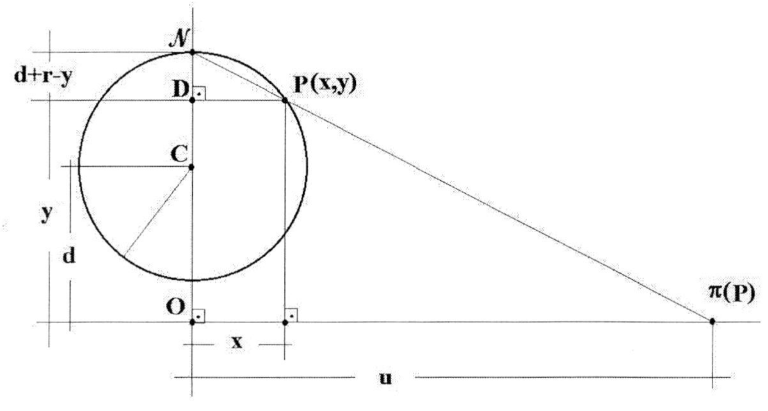

Figura 9.1: Projeção estereográfica sobre a reta.

Nosso propósito neste capítulo é analisar algebricamente uma importante correspondência, que relaciona de uma forma particular os pontos de uma circunferência com os de uma reta. Veremos que tal correspondência tem ligação indissociável com a inversão geométrica.

Consideremos a situação da figura 7, onde uma circunferência $\mathcal{A}$ (no plano $\mathbb{R}^2$) de raio r é centrada num ponto C sobre o eixo das ordenadas. Observe, avaliando a figura, que seu "polo norte" $\mathcal{N}$ tem coordenadas $(0, d+r)$, onde y é a ordenada de um ponto $P(x,y)$, distinto de $\mathcal{N}$, tomado sobre $\mathcal{A}$.

Um ponto $P(x,y)$ na circunferência $\mathcal{A}$ tem a propriedade guardar a distância r do centro $C(0,d)$. Usando a expressão

$$d(P,Q) = \sqrt{(x_Q - x_P)^2 + (y_Q - y_P)^2}$$

para a distância entre dois pontos $P(x_P, y_P)$ e $Q(x_Q, y_Q)$ no plano, chegamos à equação a que as coordenadas x e y de P devem obedecer para que P esteja em $\mathcal{A}$:

$$x^2 + (y-d)^2 = r^2 \tag{9.1}$$

relação essa que, aliás, é a própria equação cartesiana da circunferência $\mathcal{A}$.

Usando semelhança entre os triângulos $\mathcal{N}DP$ e $\mathcal{N}O\pi(P)$ podemos encontrar $u = u(x,y)$:

$$u = \frac{x(d+r)}{d+r-y}. \tag{9.2}$$

A relação acima nos fornecerá também

$$y - d = \frac{ur - x(d+r)}{u}. \tag{9.3}$$

Para obter uma relação apenas entre u e x (e, portanto, x em função de u), podemos aplicar a relação (9.3) na equação (9.2) da circunferência $\mathcal{A}$ e então

$$x[u^2x - 2ru(d+r) + x(d+r)^2] = 0.$$

Podemos, então, concluir que $x = 0$ (o que nos forneceria o "polo norte" e o "polo sul", pela equação de $\mathcal{A}$) ou (caso geral)

$$x = x(u) = \frac{2ur(d+r)}{u^2 + (d+r)^2}. \tag{9.4}$$

Observemos agora que da relação (9.3) nos informa também que $y = \frac{(u-x)(d+r)}{u}$. Aplicando isso na equação de $\mathcal{A}$ chega-se a

$$y = y(u) = \frac{(u^2 + d^2 - r^2)(d+r)}{u^2 + (d+r)^2}. \tag{9.5}$$

Vemos, então, que o ponto $P(x, y)$ da circunferência $\mathcal{A}$ pode ser reescrito como

$$P = \left(\frac{2ur(d+r)}{u^2 + (d+r)^2}, \frac{(u^2 + d^2 - r^2)(d+r)}{u^2 + (d+r)^2}\right),$$

em função de sua *projeção* $\pi(P)$ na reta (identificada pela única coordenada u), do raio r e da distância d do centro C a essa reta.

A *projeção estereográfica* é precisamente a aplicação π que associa, a cada ponto P de $\mathcal{A} - \{\mathcal{N}\}$ (isto é, a circunferência *menos* seu polo norte) um ponto $\pi(P)$ da reta (no presente caso representada pelo eixo das abscissas), por intermédio da relação

$$u = \pi(p) = \frac{x(d+r)}{r - (y-d)}. \tag{9.6}$$

Reciprocamente, o ponto P de $\mathcal{A} - \{\mathcal{N}\}$ é associado à coordenada u da reta através de

$$P = \pi^{-1}(u) = \left(\frac{2ur(d+r)}{u^2 + (d+r)^2}, \frac{(u^2 + d^2 - r^2)(d+r)}{u^2 + (d+r)^2}\right). \tag{9.7}$$

Observação 9.1. *A identificação $P = \pi^{-1}(u)$, acima, foi usada apenas para ilustrar que a projeção estereográfica π tem de fato uma inversa bem definida π^{-1} (que leva os pontos da reta em pontos de $\mathcal{A} - \{\mathcal{N}\}$). Tal identificação, no entanto, não precisa ser usada neste momento.*

Observação 9.2. *Se S é o polo sul de $\mathcal{A}$, pode-se usar as relações do quadro acima para mostrar facilmente que $\pi(S) = O$.*

Observação 9.3. *O caso particular $d = r$ (em que a circunferência tangencia a reta) já foi por nós visitado de uma forma mais "inocente" na seção2.2 (*Enxergando o Infinito*), onde pôde ser visualizado nas figuras 2.3 e 2.4. Veja que o polo norte da circunferência estaria aqui sendo identificado com o* ponto no infinito *mencionado naquela seção.*

Observe que $d = r$ nos fornece as relações

$$u = \pi(p) = \frac{2rx}{2r - y}$$

e

$$P = \pi^{-1}(u) = \left(\frac{4ur^2}{u^2+4r^2}, \frac{2u^2r}{u^2+4r^2}\right).$$

Nos exemplos muito frequentes na literatura, em que se considera ainda $r = 1$, teremos

$$u = \pi(p) = \frac{2x}{2-y}$$

e

$$P = \pi^{-1}(u) = \left(\frac{4u}{u^2+4}, \frac{2u^2}{u^2+4}\right).$$

É muito frequente também encontrarmos a projeção estereográfica sendo-nos apresentada nos textos sob o caso $d = 0$, quando então a reta passará pelo centro da circunferência e as equações seriam

$$u = \pi(p) = \frac{rx}{r-y}$$

e

$$P = \pi^{-1}(u) = \left(\frac{2ur^2}{u^2+r^2}, \frac{r(u^2-r^2)}{u^2+r^2}\right).$$

Para $r = 1$ esse último caso nos daria

$$u = \pi(p) = \frac{x}{1-y}$$

e

$$P = \pi^{-1}(u) = \left(\frac{2u}{u^2+1}, \frac{u^2-1}{u^2+1}\right).$$

Atentemos uma vez mais para a semelhança entre os triângulos $\mathcal{N}DP$ e $\mathcal{N}O\pi(P)$ (ver figura 7). Ela nos fornece a relação

$$d + r - y = \frac{(d+r)x}{u}$$

e então, com auxílio da expressão para a abscissa x de P na relação (9.7), obtém-se que o comprimento $|\overline{\mathcal{N}P}|$ será dado por

$$\begin{aligned}
|\overline{\mathcal{N}P}| &= \sqrt{x^2 + (d+r-y)^2} \\
&= \sqrt{\left(\frac{2ur(d+r)}{u^2+(d+r)^2}\right)^2 + \left(\frac{2r(d+r)^2}{u^2+(d+r)^2}\right)^2} \\
&= \sqrt{\frac{4r^2(d+r)^2[u^2+(d+r)^2]}{[u^2+(d+r)^2]^2}} \\
&= \frac{2r(d+r)}{\sqrt{u^2+(d+r)^2}}
\end{aligned}$$

Mas, como $|\overline{\mathcal{N}\pi(P)}| = \sqrt{u^2+(d+r)^2}$,
vem que

$$|\overline{\mathcal{N}P}|.|\overline{\mathcal{N}\pi(P)}| = 2r(d+r) = 2r\eta,$$

onde η é a distância entre $\mathcal{N}$ e a reta.

Por outro lado, o triângulo $\mathcal{N}PS$ (que é retângulo, por estar inscrito em um semicírculo) é semelhante ao triângulo $\mathcal{N}O\pi(P)$ (ver figura 9.2). Tal semelhança nos dá

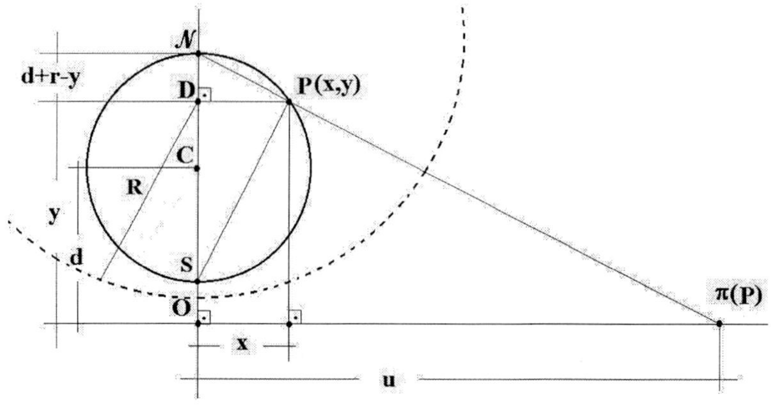

Figura 9.2: Os triângulos $\mathcal{N}PS$ e $\mathcal{N}O\pi(P)$ são semelhantes. P e $\pi(P)$ são inversos um do outro com respeito à circunferência de centro $\mathcal{N}$ e raio $R = \sqrt{2r\eta}$.

$$\frac{|\overline{\mathcal{N}P}|}{d+r} = \frac{2r}{|\overline{\mathcal{N}\pi(P)}|},$$

o que deveria de fato ir de acordo com a relação obtida acima.

Compare isso com a relação geral (3.22) obtida na Seção 3.7 (*Critérios Mínimos Para se Encontrar Centro e Raio de Inversão*). Observe que acabamos de constatar que os pontos P e $\pi(P)$ são inversos um do outro com respeito à inversão de centro $\mathcal{N}$ e potência $R^2 = 2r\eta$.

O que nos diz que toda projeção estereográfica é caso particular de alguma inversão.

Capítulo 10

Uma Aplicação Notável: A Geometria Hiperbólica

10.1 O Que É a Geometria Hiperbólica

A geometria hiperbólica protagonizou um capítulo importantíssimo na história da geometria - na verdade, na história da ciência.

Desde que Euclides tornou pública sua majestosa obra - Os Elementos - um monumento ao pensamento humano, uma das obras mais importantes da humanidade, onde se usa habilmente da lógica para, a partir de umas poucas premissas, prosseguir em um encadeamento que leva a deduzir importantes teoremas basilares, principalmente em geometria, muitos pensadores se debruçaram justamente sobre essas poucas premissas.

Clamava, em particular, aquela que ficou conhecida como o Quinto Postulado. Em linguagem moderna (mais precisamente na versão de Playfair), ele diz que por um ponto P fora de uma reta t existe uma única reta s que não encontra t - ou seja, um postulado da geometria plana que trata da existência e da *unicidade* da paralela a uma reta, por um ponto fora dela.

Ainda que isso possa parecer intuitivo, o próprio Euclides parece ter percebido a sutileza implícita na necessidade dessa afirmação - e de fato estava coberto de razão.

Ao se comprometerem a se basearem tão somente na lógica e nos quatro postulados anteriores, os pensadores passaram muito tempo para constatar que de fato isso tinha de ser mesmo um postulado - isto é, uma afirmação basilar da teoria, aceita sem demonstração. Na verdade foram necessários mais de 2100 anos para que os estudiosos se certificassem de que na verdade não se poderia mesmo provar a afirmação do Quinto Postulado com base nos anteriores, isto é, que ele é de fato independente dos demais.

Entre outras consequências, isso significa que qualquer pequena alteração na afirmação desse postulado irá eventualmente originar outro ambiente, ou seja, outra geometria - se é que não daria origem a contradições intrínsecas.

O ponto crucial é justamente este: ao trabalharem independentemente, um sem ter conhecimento da existência do outro, um matemático na Rússia e outro na Hungria investigaram a fundo, no Séc. XIX, as consequências de uma negação específica do Quinto Postulado de Euclides e chegaram às mesmas conclusões - embora nada intuitiva, nenhuma inconsistência intrínseca na teoria que eles encontraram.

O que Lobachevski e Bolyai descobriram - na verdade sabe-se que o matemático Gauss andou por essas ideias algum tempo antes deles - foi um sistema geométrico inteiramente novo (um mundo maravilhoso, nas palavras de um deles), em que duas retas paralelas são assintóticas (ou seja, sempre há pontos de uma delas arbitrariamente próximos da outra), um mundo onde não existem quadrados, onde a soma dos ângulos internos de qualquer triângulo será menor que dois retos - e nem sequer será mais constante, e onde tudo - absolutamente *tudo*, mesmo as figuras de tamanho ilimitado - pode se visualizado sob um ângulo de amplitude tão pequena quanto se queira, desde que o observador tome uma distância suficientemente grande.

Restaria saber, evidentemente, se um tal sistema geométrico não poderia em algum momento apresentar uma inconsistência intrínseca, algum fato dedutível que pudesse fazer cair por terra tão belo edifício.

É nesse ponto que entram os *modelos*. A partir de determinado momento foram sendo exibidos modelos onde se visualiza os quatro primeiros postulados de Euclides e mais o quinto modificado, aquele que caracteriza a chamada geometria hiperbólica:

Por um ponto fora de uma reta passam (pelo menos) duas retas distintas que não a encontram.

Quando um tal modelo é euclidiano, ou seja, seus elementos e relações entre eles são obtidos através da geometria euclidiana, então o que se obtém é algo poderoso - prova-se assim que a geometria hiperbólica é no mínimo tão consistente quanto a euclidiana, e que uma inconsistência na hiperbólica agora fatalmente implicaria numa inconsistência na euclidiana.

O que faremos aqui, ainda que brevemente e sem profundidade, será exibir dois modelos famosos para a geometria hiperbólica, ambos devido a Henry Poincaré.

Por que inserir tal coisa num livro sobre geometria inversiva? Porque, em dimensão dois, as inversões geométricas funcionam exatamente como os movimentos rígidos no mundo euclidiano - dizemos que elas são isometrias do plano hiperbólico. Em que sentido? No sentido de que duas figuras num plano hiperbólico, obtidas uma a partir da outra mediante uma inversão específica, são indistinguíveis sob o ponto de vista dessa geometria.

10.2 Semiplano de Poincaré

Este modelo para a geometria hiperbólica consiste no semiplano superior $\{(x, y)\mathbb{R}^2 \ ; \ y > 0\}$. As retas desse modelo são as semirretas com origem no eixo das abscissas (ou seja, em $y = 0$) que são perpendiculares a esse eixo, e mais as semicircunferências ortogonais a esse eixo.

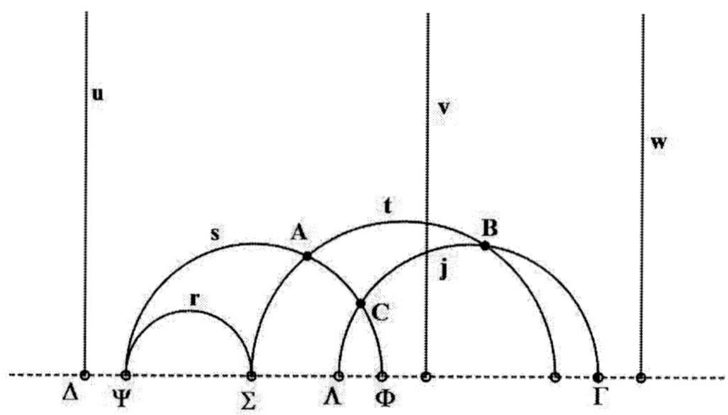

Figura 10.1: Semiplano de Poincaré. Os pontos A, B e C são pontos ordinários.

Na figura 10.1 vemos as retas do modelo do semiplano de Poincaré. r, s, t, u, v e w são retas. A linha tracejada corresponde a $y = 0$ e, portanto, não pertence ao conjunto. Os pontos dessa linha são chamados de "pontos no infinito" ou "pontos ideais" - são precisamente os pontos de encontro entre duas paralelas.

Nesse sentido, por exemplo, as retas r e s são paralelas (pois têm um ponto Ψ em comum no infinito). A reta t é também paralela a r (pois tem com ela um ponto em comum $\sum$ no infinito).

Observe que isso já nos ilustra aquela negação específica do Quinto Postulado, que agora passaremos a chamar de Quinto Postulado da Geometria Hiperbólica: Por um ponto fora de uma reta passam (pelo menos) duas retas distintas que não a encontram.

Os outros quatro postulados são verificados nesse modelo quando se indica uma maneira específica de se fazer medidas ali. Observe que a linha tracejada (o conjunto dos pontos no infinito) é, de certa forma, *inatingível* para um habitante desse mundo hiperbólico. Não é de se estranhar, portanto, que a métrica (a maneira de se medir) pode - e deve - ser diferente da usual euclidiana: à medida em que nos aproximamos da linha tracejada, as distâncias nessa direção se comprimem (isto é, sob o ponto de vista de um observador externo, os objetos cada vez mais próximos da linha tracejada parecerão cada vez menores).

Essa métrica, entretanto, não será assim tão abjeta para nós pois, felizmente, ela permite que consigamos enxergar os ângulos *exatamente* como eles são ali. Ou seja: as medidas angulares observadas nesse modelo são precisamente as mesmas que obteríamos simplesmente calculando algebricamente usando a métrica. Outra maneira de dizer isso é dizendo que esse modelo é *conforme*.

Os pontos que estão no interior do semiplano superior são chamados de *pontos ordinários* - esses sim, pertencem ao conjunto descrito. Observe que na figura 10.1 temos um *triângulo ordinário ABC*.

Existe um outro modelo para essa geometria que também é devido a Poincaré. Ele pode ser obtido facilmente através de uma inversão. O motivo disso é que, como afirmamos há pouco, as inversões geométricas têm papel crucial nesses modelos. Não entraremos aqui em detalhes sobre o motivo disso, pois tal atitude iria requerer ferramentas matemáticas mais sofisticadas do que as que usamos neste livro. Diremos apenas que tal sofisticação se deve unicamente à representação matemática da métrica envolvida, e não do modelo em si, que por si só é bastante simples.

O que acontece é que as propriedades métricas dos objetos nesse modelo *não irão se alterar* quando invertermos convenientemente tais objetos.

O modelo da *Bola de Poincaré* é obtido simplesmente invertendo (por exemplo) o semiplano através do círculo de inversão φ de centro O fora desse semiplano, tangente à linha tracejada k. Essa própria linha será invertida numa circunferência k' que passa pelo centro O de inversão. Devido à conformidade da inversão, as semicircunferências perpendiculares à linha tracejada (ou seja, as retas) serão invertidas em arcos de circunferências também ortogonais ao bordo. Note que algumas das outras retas do modelo do semiplano também serão invertidas em arcos de circunferências ortogonais ao bordo.

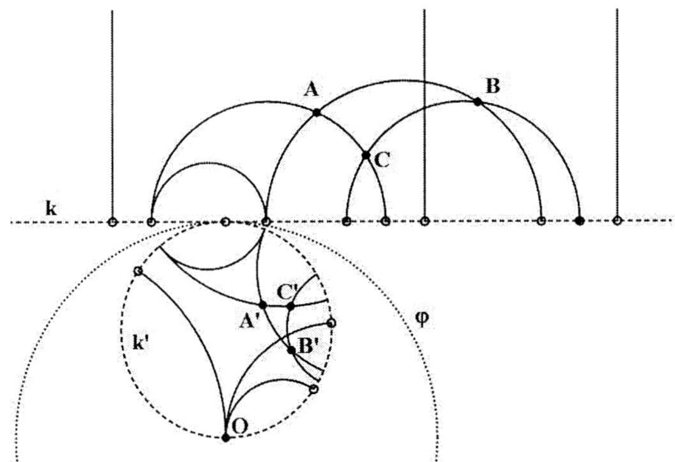

Figura 10.2: Obtenção do modelo da Bola de Poincaré.

O modelo da Bola de Poincaré é precisamente o interior de k', e suas retas são exatamente os arcos de circunferências ortogonais ao bordo.

Todas as propriedades métricas serão mantidas na transição de um modelo para outro, devido ao papel preponderante das inversões na geometria hiperbólica plana.

Todos os cinco postulados - os quatro de Euclides e mais a modificação hiperbólica - se vericam em um dos modelos (logo em ambos), e portanto, toda a geometria hiperbólica pode ser realizada sobre cada um deles.

Parte II

Inversão n-Dimensional

Capítulo 11

Pequena Digressão sobre Álgebra Vetorial

Nesta parte - que trata das extensões dimensionais dos conceitos apresentados na Primeira Parte - iremos, pela primeira vez, pressupor que o leitor já esteja a par de alguns rudimentos da álgebra e do cálculo vetorial, no que concerne (por exemplo) a conjuntos abertos, aplicações diferenciáveis, operações com vetores, espaços vetoriais e bases.

Faremos, entretanto, um pequeno comentário que visa tão somente remeter de forma mais imediata às ferramentas que estaremos usando. Longe de querer estebelecer as bases para um estudo completo de álgebra e cálculo, nosso intuito será apenas o de conduzir mais diretamente o leitor já iniciado às ideias que serão tratadas nessas extensões. Para aqueles que desejarem iniciar um estudo sério em análise ou em álgebra, sugerimos as referências [5] e [4].

11.1 Vetor e norma

Focalizaremos nossa atenção ao caso particular dos vetores no $\mathbb{R}^n$. Um vetor $\overrightarrow{v}$ do $\mathbb{R}^n$ é algo que pode ser identificado com uma $n-$upla de números reais:

$$\overrightarrow{v} = (a_1, ..., a_n),$$

onde $a_1, ..., a_n \in \mathbb{R}$.

O vetor nulo $\overrightarrow{O}$ é aquele cujas coordenadas são todas nulas.

Dados dois vetores $\overrightarrow{v} = (a_1, ..., a_n)$ e $\overrightarrow{w} = (b_1, ..., b_n)$ de $\mathbb{R}^n$ e um escalar (número real) $\lambda \in \mathbb{R}$, definimos a *soma vetorial* $\overrightarrow{v} + \overrightarrow{w}$ como aquele vetor dado por

$$\overrightarrow{v} + \overrightarrow{w} = (a_1 + b_1, ..., a_n + b_n)$$

e o produto pelo escalar λ como sendo o vetor $\lambda\overrightarrow{v}$ dado por

$$\lambda\overrightarrow{v} = (\lambda.a_1, ..., \lambda.a_n).$$

Verifica-se a partir da definição que valem as seguintes propriedades:
Para todos $\overrightarrow{u}, \overrightarrow{v}, \overrightarrow{w} \in \mathbb{R}^n$ e todos $\alpha, \beta \in \mathbb{R}$,

- $\overrightarrow{u} + \overrightarrow{v} = \overrightarrow{v} + \overrightarrow{u}$
- $\overrightarrow{u} + (\overrightarrow{v} + \overrightarrow{w}) = (\overrightarrow{u} + \overrightarrow{v}) + \overrightarrow{w}$
- $\exists\ \overrightarrow{O} \in \mathbb{R}^n \mid \overrightarrow{u} + O = O + \overrightarrow{u} = \overrightarrow{u}\ \forall \overrightarrow{u} \in \mathbb{R}^n$
- Para cada $\overrightarrow{u} \in \mathbb{R}^n$, existe $-\overrightarrow{u} \in \mathbb{R}^n$ tal que $\overrightarrow{u} + (-\overrightarrow{u}) = (-\overrightarrow{u}) + \overrightarrow{u} = O$
- $(\alpha + \beta)\overrightarrow{u} = \alpha\overrightarrow{u} + \beta\overrightarrow{u}$
- $\alpha(\overrightarrow{u} + \overrightarrow{v}) = \alpha\overrightarrow{u} + \alpha\overrightarrow{v}$

- $(\alpha.\beta)\overrightarrow{u} = \alpha(\beta\overrightarrow{u})$
- $1.\overrightarrow{u} = \overrightarrow{u}$

A noção de norma de um vetor se origina diretamente da ideia de comprimento na geometria eucideana - mais precisamente no Teorema de Pitágoras.

Definimos a norma de um vetor $\overrightarrow{v} = (a_1, ..., a_n)$ como sendo o número real $\|\overrightarrow{v}\|$ dado por

$$\|v\| = \sqrt{a_1^2 + ... + a_1^2}.$$

A norma de um vetor goza das seguintes propriedades:

- $\|\overrightarrow{v}\| \geq 0$, e $\|\overrightarrow{v}\| = 0$ se, e somente se, $\overrightarrow{v} = \overrightarrow{O}$
- $\|\lambda\overrightarrow{v}\| = |\lambda|.\|\overrightarrow{v}\|\ \forall \overrightarrow{v} \in \mathbb{R}^n\ \forall\ \lambda \in \mathbb{R}$
- $\|\overrightarrow{v} + \overrightarrow{w}\| \leq \|\overrightarrow{v}\| + \|\overrightarrow{w}\|\ \forall \overrightarrow{v}, \overrightarrow{w} \in \mathbb{R}^n$ (a desigualdade triangular).

Ao dividirmos um vetor não nulo por sua norma, isto é, ao multiplicarmos o escalar $\frac{1}{\|\overrightarrow{v}\|}$ pelo vetor não nulo v, obteremos um vetor unitário[1]:

$$\begin{aligned} \left\|\left(\frac{1}{\|\overrightarrow{v}\|}\right)\overrightarrow{v}\right\| &= \left|\frac{1}{\|\overrightarrow{v}\|}\right|.\|\overrightarrow{v}\| \\ &= \frac{1}{\|\overrightarrow{v}\|}.\|\overrightarrow{v}\| \end{aligned}$$

11.2 Produto Interno

A ideia de produto interno (ou produto escalar) entre dois vetores tem relação íntima com o conceito de trabalho de uma força, em física. Apresentaremos aqui, no entanto, uma definição puramente matemática para aquilo que se costuma chamar de *produto interno canônico* em $\mathbb{R}^n$.

Dados os vetores $v = (a_1, ..., a_n)$ e $w = (b_1, ..., b_n)$ em $\mathbb{R}^n$, definimos o *produto interno* entre $\overrightarrow{v}$ e $\overrightarrow{w}$ como sendo o escalar $\langle\overrightarrow{v}, \overrightarrow{w}\rangle$ definido por

$$\langle\overrightarrow{v}, \overrightarrow{w}\rangle = a_1.b_1 + ... + a_n.b_n.$$

Observe que, de acordo com essa definição, temos

$$\langle\overrightarrow{v}, \overrightarrow{v}\rangle = \|\overrightarrow{v}\|^2.$$

Demonstra-se que, assim definido, o produto interno satisfaz as seguintes propriedades:
Para quaisquer vetores $\overrightarrow{u}, \overrightarrow{v}, \overrightarrow{w} \in \mathbb{R}^n$, e para quaisquer escalares $\alpha \in \mathbb{R}$, vale

- $\langle\overrightarrow{v}, \overrightarrow{v}\rangle \geq 0$, e $\langle\overrightarrow{v}, \overrightarrow{w}\rangle = 0$ se e somente se $\overrightarrow{v} = \overrightarrow{O}$
- $\langle(\overrightarrow{u} + \overrightarrow{v}), \overrightarrow{w}\rangle = \langle\overrightarrow{u}, \overrightarrow{w}\rangle + \langle\overrightarrow{v}, \overrightarrow{w}\rangle$
- $\langle\overrightarrow{v}, \overrightarrow{w}\rangle = \langle\overrightarrow{w}, \overrightarrow{v}\rangle$
- $\lambda\langle\overrightarrow{v}, \overrightarrow{w}\rangle = \langle(\lambda\overrightarrow{v}), \overrightarrow{w}\rangle = \langle\overrightarrow{v}, (\lambda\overrightarrow{w})\rangle$

A noção de vetor em $\mathbb{R}^n$, mesmo em espaços de dimensões maiores, tem fortíssimo apelo geométrico. É possível definirmos o cosseno do ângulo θ entre dois vetores v e $\overrightarrow{w}$ não nulos como sendo

$$cos\theta = \frac{\langle\overrightarrow{v}, \overrightarrow{w}\rangle}{\|v\|.\|w\|}.$$

Prova-se também que essa definição de produto escalar nos fornece

[1]Vetor unitário: vetor cuja norma é 1.

$$\langle \vec{v}, \vec{w} \rangle = \|\vec{v}\|.\|\vec{w}\|.cos\ \theta.$$

Em conexão com isso, pode-se também demonstrar a *desigualdade de Cauchy-Schwarz*:

$$|\langle v, w \rangle| \leq \|v\|.\|w\|\ \forall\ v, w \in \mathbb{R}^n.$$

Com auxílio das definições de produto interno e norma podemos obter:

$$\|\vec{v} + \vec{w}\|^2 = \|\vec{v}\|^2 + 2\langle \vec{v}, \vec{w} \rangle + \|\vec{w}\|^2$$

$$\|\vec{v} - \vec{w}\|^2 = \|\vec{v}\|^2 - 2\langle \vec{v}, \vec{w} \rangle + \|\vec{w}\|^2$$

e portanto

$$\|\vec{v}\|^2 + \|\vec{w}\|^2 = \frac{1}{2}\left(\|\vec{v} + \vec{w}\|^2 + \|\vec{v} - \vec{w}\|^2\right)$$

e também

$$\langle \vec{v}, \vec{w} \rangle = \frac{1}{4}\left[\|\vec{v} + \vec{w}\|^2 - \|\vec{v} - \vec{w}\|^2\right].$$

11.3 Retas e Planos

Sejam $\vec{P_0}$ um ponto fixo de $\mathbb{R}^n$ (que também pode ser evidentemente identificado com um vetor), e $\vec{u}$ um vetor fixo de $\mathbb{R}^n$.

Definimos a reta que passa por $\vec{P_0}$ e tem a direção do vetor $\vec{u}$ como sendo o conjunto de todos os pontos $P \in \mathbb{R}^n$ tais que

$$\vec{P} = \vec{P_0} + t\vec{u},\ t \in \mathbb{R}.$$

Sejam $\vec{P_0}$ um ponto fixo de $\mathbb{R}^n$ (que também pode ser evidentemente identificado com um vetor), e $\vec{u}$ um vetor fixo de $\mathbb{R}^n$.

Definimos o *hiperplano que passa por* $\vec{P_0}$ *e é perpendicular a* $\vec{u}$ como sendo o conjunto de todos os pontos $\vec{P} \in \mathbb{R}^n$ tais que $\langle \vec{P} - \vec{P}_0, u \rangle = 0$, ou seja,

$$\langle \vec{P}, \vec{u} \rangle = a,$$

onde $a = \langle \vec{P_0}, \vec{u} \rangle$.

O termo que lembra ortogonalidade tem de fato um embasamento, pois $\langle \vec{P} - \vec{P}_0, u \rangle = 0$ significa que $\|P - P_0\|.\|u\|.cos\ \theta = 0$, o que ocorre quando $\theta = \frac{\pi}{2}$ (ou quando um dos vetores envolvidos é nulo).

Observação 11.1. *Para o caso tridimensional (onde o ambiente é $\mathbb{R}^3$), as definições acima levarão a caracterizar um plano (isto é, um hiperplano de $\mathbb{R}^3$) como o conjunto de todos os pontos $\vec{P} = (x, y, z) \in \mathbb{R}^3$ tais que*

$$ax + by + cz + d = 0,$$

onde a, b, c e d são constantes reais. Prova-se que o vetor $\vec{u} = (a, b, c)$ é perpendicular a esse plano, ou seja, é ortogonal a todas as retas desse plano.

Sejam $\alpha \subset \mathbb{R}^n$ um hiperplano e $Q \in \mathbb{R}^n$ um ponto não pertencente a α. Sabemos da existência um número real k e um vetor unitário $u \in \mathbb{R}^n$ de forma que α é o conjunto dos pontos $P \in \mathbb{R}^n$ que satisfazem

$$\langle P, u \rangle = k. \tag{11.1}$$

Considerando a reta

$$t \mapsto \beta(t) = Q + tu,\ t \in \mathbb{R},$$

o valor $t_0 \in \mathbb{R}$ para o qual $\beta(t_0)$ esteja em α deve satisfazer $\langle \beta(t_0), u\rangle = k$. Isso nos fornece

$$t_0 = k - \langle Q, u\rangle$$

e portanto, o ponto dessa reta que também pertence ao plano α é

$$\beta(t_0) = Q + [k - \langle Q, u\rangle]u.$$

Seja Z um outro ponto qualquer de α. Observando que

$$Z - Q = (Z - \beta(t_0)) + (\beta(t_0) - Q),$$

então de

$$\|v + w\|^2 = \|v\|^2 + 2\langle v, w\rangle + \|w\|^2 \ \forall\ v, w \in \mathbb{R}^n$$

podemos deduzir que

$$\|Z - Q\|^2 = \|Z - \beta(t_0)\|^2 + 2\langle Z - \beta(t_0), \beta(t_0) - Q\rangle + \|\beta(t_0) - Q\|^2. \tag{11.2}$$

Por outro lado,

$$\begin{aligned}
\langle Z - \beta(t_0), \beta(t_0) - Q\rangle &= \langle Z - \beta(t_0), [k - \langle Q, u\rangle]u\rangle \\
&= [k - \langle Q, u\rangle]\langle Z - \beta(t_0), u\rangle \\
&= [k - \langle Q, u\rangle](\langle Z, u\rangle - \langle \beta(t_0), u\rangle \\
&= 0,
\end{aligned}$$

pois Z e $\beta(t_0)$ estão ambos em α, e portanto, satisfazem a relação (11.1).
Segue, então, que a relação (11.2) se reescreve como

$$\|Z - Q\|^2 = \|Z - \beta(t_0)\|^2 + \|\beta(t_0) - Q\|^2,$$

donde se conclui que

$$\|Z - Q\| \geq \|\beta(t_0) - Q\|.$$

Podemos então afirmar que

Proposição 11.1. *Sejam $\alpha : \{P \in \mathbb{R}^n\ ;\ \langle P, u\rangle = k\}$ um hiperplano, e $Q \in \mathbb{R}^n$ um ponto não pertencente a α. Existe um único ponto $Q_0 \in \alpha$ tal que*

$$\|Q_0 - Q\| \leq \|P - Q\| \ \forall\ P \in \alpha,$$

e tal ponto é dado por

$$Q_0 = Q + [k - \langle Q, u\rangle]u.$$

O número $\|Q_0 - Q\|$ é então a distância de Q a α.

Observação 11.2. *Iremos doravante, em prol da limpeza de notação, omitir as setas ao representar vetores, esperando que o leitor tenha o cuidado de saber identificar os vetores e os escalares no texto.*

11.4 Algumas Transformações Lineares

Vamos agora explanar, em forma de uma série de questões em estudo dirigido, alguns fatos sobre as transformações lineares com as quais trabalharemos mais adiante.

1. Mostre que toda aplicação linear $T : \mathbb{R} \to \mathbb{R}$ é dada por

   $$x \mapsto T(x) = a.x,$$

   onde a é um número real fixo. Em conexão com isso, mostre que $a = T(1)$.

2. Mostre que toda aplicação linear $T : \mathbb{R} \to \mathbb{R}^m$ é dada por

$$x \mapsto T(x) = x.\mathbf{a},$$

onde $\mathbf{a} = (a^1, ..., a^m)$ é um vetor de $\mathbb{R}^m$. Em conexão com isso, mostre que $\mathbf{a} = T(1)$.

3. Mostre que toda aplicação linear $T : \mathbb{R}^n \to \mathbb{R}$ é dada por

$$\mathbf{x} \mapsto T(\mathbf{x}) = \langle \mathbf{a}, \mathbf{x} \rangle,$$

onde $\mathbf{a} = (a^1, ..., a^n)$ é um vetor fixo de $\mathbb{R}^n$, escrito na base canônica. Em conexão com isso, mostre que $a^j = T(\mathbf{e}_j)\ \forall j \in I_n$.

4. Para cada $v \in \mathbb{R}^n$, defina uma aplicação $\varphi_v : \mathbb{R}^n \to \mathbb{R}$ por

$$\varphi_v(w) = \langle v, w \rangle\ \forall\ w \in \mathbb{R}^n.$$

   (a) Mostre que φ_v é linear, para todo v.

   (b) Veja que está bem definida uma aplicação $\varphi : \mathbb{R}^n \to \mathcal{L}(\mathbb{R}^n; \mathbb{R})$, dada por

   $$v \mapsto \varphi(v) = \varphi_v.$$

   Prove que φ é um isomorfismo. Em particular, $dim(\mathcal{L}(\mathbb{R}^n; \mathbb{R})) = n$ e também, para o caso $n = 1$, podemos afirmar que cada número real pode ser identificado com uma *função* linear.

5. Mostre que toda aplicação linear $T : \mathbb{R}^n \to \mathbb{R}^m$ é dada por

$$\mathbf{x} \mapsto T(x) = A.\mathbf{x},$$

onde $A_{m\times n}$ é uma matriz fixa. Em conexão com isso, mostre que, nas base canônicas, o elemento a_{ij} dessa matriz é $T^i(\mathbf{e}_j)$, onde $T^i : \mathbb{R}^n \to \mathbb{R}$ é a i-ésima aplicação (linear) coordenada de

$$\mathbf{x} \mapsto T(\mathbf{x}) = (T^1(\mathbf{x}), ..., T^m(\mathbf{x})).$$

Ainda usando as bases canônicas, mostre que a j-ésima coluna de A é precisamente o vetor $T(\mathbf{e}_j) \in \mathbb{R}^m$.

Capítulo 12

Extensão Dimensional

12.1 A Definição Geral

Fixemos *a priori* um número real $r > 0$ e um ponto $P_0 \in \mathbb{R}^n$. Vamos dar sentido à ideia de inverter um ponto $P \neq P_0$ de $\mathbb{R}^n$. Estamos procurando uma aplicação

$$f : \mathbb{R}^n - \{P_0\} \to \mathbb{R}^n - \{P_0\}$$

que, a cada $P \neq P_0$, associa $f(P) \in \mathbb{R}^n - \{P_0\}$, de tal forma que

$$\|f(P) - P_0\|.\|P - P_0\| = r^2, \tag{12.1}$$

onde $f(P)$ está na semirreta $\overrightarrow{P_0P}$.

Ora, do fato de $f(P)$ estar nessa semirreta, inferimos que existe $t > 0$ tal que

$$f(P) = P_0 + t(P - P_0). \tag{12.2}$$

Da relação (12.2) temos

$$\|f(P) - P_0\| = |t|\|P - P_0\| = t.\|P - P_0\|$$

e então, usando a relação (12.1),

$$t = \frac{r^2}{\|P - P_0\|^2}.$$

Isso nos ajuda a construir a seguinte definição:

> Dados um número real $r > 0$ e um ponto $P_0 \in \mathbb{R}^n$, a inversão de centro P_0 e raio r (ou potência r^2) é a aplicação
>
> $$f : \mathbb{R}^n - \{P_0\} \to \mathbb{R}^n - \{P_0\}$$
>
> que, a cada $P \in \mathbb{R}^n - \{P_0\}$, associa
>
> $$f(P) = P_0 + \frac{r^2}{\|P - P_0\|^2}(P - P_0). \tag{12.3}$$
>
> O número r é chamado de *raio de inversão* e P_0 é o *centro de inversão*. O subconjunto
>
> $$\mathbb{S}(P_0; r) := \{Q \in \mathbb{R}^n \, ; \, \|Q - P_0\| = r\}$$
>
> é chamado de *esfera de inversão*.

Se $P \in \mathbb{R}^n$ é distinto do centro de inversão, então a aplicação f definida no quadro de 12.3 acima leva P em um ponto também distinto do centro de inversão.

De fato, se $P \neq P_0$ então $\|P - P_0\| > 0$ e da relação (12.3) temos

$$\|f(P) - P_0\| = \frac{r^2}{\|P - P_0\|} > 0.$$

Além disso, a aplicação de inversão f é uma *involução* em $\mathbb{R}^n - \{P_0\}$, isto é,

$$f(f(P)) = P \ \forall \ P \in \mathbb{R}^n - \{P_0\}.$$

De fato, usando sucessivamente a equação que define a inversão poderemos escrever

$$\begin{aligned} f(f(P)) - P_0 &= \frac{r^2}{\|f(P) - P_0\|^2}(f(P) - P_0) \\ &= \frac{r^2}{\|f(P) - P_0\|^2} \cdot \frac{r^2}{\|P - P_0\|^2}(P - P_0) \\ &= \frac{r^4}{r^4}(P - P_0) \\ &= P - P_0 \end{aligned}$$

e então $f(f(P)) = P$.

Daí segue que a aplicação f de inversão é uma bijeção em $\mathbb{R}^n - \{P_0\}$ (sua inversa é ela mesma).

Temos ainda que qualquer ponto na esfera de inversão é invertido em si mesmo. Isso é imediato, pois se P está na esfera de inversão então $\|P - P_0\| = r$ e portanto

$$\begin{aligned} f(P) - P_0 &= \frac{r^2}{\|P - P_0\|^2}(P - P_0) \\ &= \frac{r^2}{r^2}(P - P_0) \\ &= P - P_0 \end{aligned}$$

e então $f(P) = P$.

Reciprocamente, se um ponto $P \in \mathbb{R}^n$, distinto do centro de inversão, é invertido em si mesmo, então ele pertence à esfera de inversão.

Para constatá-lo, basta fazer $f(P) = P$ na equação definidora da inversão:

$$P - P_0 = \frac{r^2}{\|P - P_0\|^2}(P - P_0) \Longrightarrow \frac{r^2}{\|P - P_0\|^2} = 1 \Longrightarrow \|P - P_0\| = r.$$

12.2 Invertendo Planos e Esferas

Considere, em $\mathbb{R}^n$, a inversão de centro P_0 e potência r^2. Seja u um vetor unitário fixo, e seja α o (hiper)plano

$$\alpha := \{P \in \mathbb{R}^2 \ ; \ \langle P - P_0, u \rangle = 0\}.$$

Atentemos, antes de mais nada, para o fato de que esse hiperplano passa por P_0.

Nesse caso, teremos

$$P \in \alpha \Rightarrow \langle f(P) - P_0, u \rangle = 0,$$

ou seja, o (hiper)plano α será por f invertido em si mesmo.

De fato, se $P \in \alpha$ então $\langle P - P_0, u \rangle = 0$ e portanto

$$\begin{aligned} \langle f(P) - P_0 \rangle &= \langle \frac{r^2}{\|P - P_0\|^2}(P - P_0), u \rangle \\ &= \frac{r^2}{\|P - P_0\|^2} \langle P - P_0, u \rangle \\ &= 0 \end{aligned}$$

Em suma:

> A inversão de centro P_0 e potência r^2 leva qualquer hiperplano que passa por P_0 em si mesmo.

Para o que se segue, considere-se em $\mathbb{R}^n$ a inversão f de centro P_0 e potência r^2. Seja $C \in \mathbb{R}^n$ um ponto distinto de P_0. Denotando por ρ a norma $\rho := \|C - P_0\|$, sejam $u := \frac{C-P_0}{\rho}$ e $A := P_0 + 2\rho u$. Seja P um ponto qualquer de $\mathbb{S}(C;\rho)$. **Observemos que** $P_0 \in \mathbb{S}(C;\rho)$**.**

Nesse caso, teremos o seguinte:

Uma vez que u é unitário, tem-se $A - P_0 = 2\rho u$ e portanto $\|A - P_0\|^2 = 4\rho^2$.

Segue, então, que

$$\begin{aligned} f(A) &= P_0 + \frac{r^2}{4\rho^2}.2\rho u \\ &= P_0 + \left(\frac{r^2}{2\rho}\right) u. \end{aligned}$$

Observando que $P - C = (P - P_0) - \rho u$ e lembrando a importante relação

$$\|v - w\|^2 = \|v\|^2 - 2\langle v, w\rangle + \|w\|^2 \ \forall v, w \in \mathbb{R}^n$$

que $P \in \mathbb{S}(C;\rho)$ poderemos escrever

$$\begin{aligned} \rho^2 \overset{P\in\mathbb{S}(C;\rho)}{=} \|P - C\|^2 = \|(P - P_0) - \rho u\|^2 &= \|P - P_0\|^2 - 2\langle P - P_0, \rho u\rangle + \|\rho u\|^2 \\ &= \|P - P_0\|^2 - 2\rho\langle P - P_0, u\rangle + \rho^2 \end{aligned}$$

$$\langle P - P_0, u\rangle = \frac{\|P - P_0\|^2}{2\rho}. \tag{12.4}$$

Em vista do que acabamos de ver, podemos deduzir que

$$\begin{aligned} \langle f(P) - f(A), u\rangle &= \frac{r^2}{\|P - P_0\|^2}\langle P - P_0, u\rangle - \frac{r^2}{2\rho} \\ &= \frac{r^2}{2\rho} - \frac{r^2}{2\rho} \\ &= 0. \end{aligned}$$

Concluimos então que a imagem (por essa inversão) de uma esfera que passa por P_0 está contida num hiperplano normal ao vetor $u = \frac{C-P_0}{\rho}$. Denotemos esse hiperplano por α.

Seja Q um ponto qualquer de α. Vamos usar a desigualdade

$$-\|v\|.\|w\| \le \langle v, w\rangle \le \|v\|.\|w\| \ \forall v, w \in \mathbb{R}^n$$

para mostrar que nesse caso teremos $\|Q - P_0\| \ge \frac{r^2}{2\rho}$.

É só observar que $f(A) - P_0 = (f(A) - Q) + (Q - P_0)$ e que, portanto,

$$\begin{aligned} \frac{r^2}{2\rho} &= \langle f(A) - P_0, u\rangle = \langle f(A) - Q, u\rangle + \langle Q - P_0, u\rangle \\ &= \langle Q - P_0, u\rangle \\ &\le \|Q - P_0\|.\|u\| \\ &= \|Q - P_0\|. \end{aligned}$$

Além disso, a igualdade na relação acima ocorrerá quando e, somente quando, ocorrer $Q = f(A)$. De fato, se $Q = f(A)$ então $\|Q - P_0\| = \|f(A) - P_0\| = \frac{r^2}{2\rho}$, essa última igualdade ocorrendo devido à relação por nós encontrada acima para $f(A)$.

Reciprocamente, seja $Q \in \alpha$ tal que $\|Q - P_0\| = \frac{r^2}{2\rho}$. Usando

$$Q - P_0 = (Q - f(A)) + (f(A) - P_0)$$

e a relação

$$\|v + w\|^2 = \|v\|^2 + 2\langle v, w\rangle + \|w\|^2 \ \forall\ v, w \in \mathbb{R}^3,$$

tem-se

$$\begin{aligned} \left(\frac{r^2}{2\rho}\right)^2 = \|Q - P_0\|^2 &= \|Q - f(A)\|^2 + 2\langle Q - f(A), f(A) - P_0\rangle + \|f(A) - P_0\|^2 \\ &= \|Q - f(A)\|^2 + 2\left(\frac{r^2}{2\rho}\right)\langle Q - f(A), u\rangle + \|f(A) - P_0\|^2 \\ &= \|Q - f(A)\|^2 + \|f(A) - P_0\|^2 \\ &= \|Q - f(A)\|^2 + \left(\frac{r^2}{2\rho}\right)^2 \end{aligned}$$

e, portanto, $\|Q - f(A)\| = 0$.

Assim sendo, $f(A)$ é o ponto de α que está mais próximo de P_0.

Segue, então, que α é o hiperplano que passa por $f(A)$ e que dista $\frac{r^2}{2\rho}$ do ponto P_0.

Em suma, o que deduzimos acima sobre inversão em $\mathbb{R}^n$ pode ser compilado como

> A inversão de centro P_0 e potência r^2 leva hiperesferas $\mathbb{S}^{n-1} \subset \mathbb{R}^n$ que passam por P_0 em hiperplanos α que não passam por P_0 (e vice-versa, é claro).

Observação 12.1. *O quadro acima apenas estende dimensionalmente o fato de que, no plano, o inverso de uma circunferência que passa pelo centro de inversão é uma reta que não passa pelo centro de inversão (e vice-versa, é claro).*

Observação 12.2. *Do exposto acima, podemos também inferir que, se C e ρ são respectivamente o centro e o raio da hiperesfera $\mathbb{S}^{n-1}$ a ser invertida, então seu inverso α é um plano cuja distância a P_0 é $\frac{r^2}{2\rho}$, e que o ponto $Q_0 = P_0 + \left(\frac{r^2}{2\rho}\right) u$ é o ponto de α mais próximo de P_0 (onde $u = \frac{C - P_0}{\rho}$).*

Reciprocamente, também ficou garantido[1] que hiperplanos à distância $\mu > 0$ de P_0 serão invertidos em hiperesferas que passam por P_0. Os raios ρ de tais hiperesferas serão $\rho = \frac{r^2}{2\mu}$.

Vamos agora investigar como seria a inversão de uma hiperesfera que *não* passa pelo centro de inversão. Com essa finalidade, vamos simplesmente utilizar as ideias adotadas no capítulo sobre inversão em retas e círculos (mais precisamente, observações 3.3 e 3.2, pág. 29), feitas em ambiente bidimensional, e tentar estendê-las.

Considerando ainda a inversão f de centro P_0 e potência r^2 em $\mathbb{R}^n$, vamos inverter uma hiperesfera $\mathbb{S}(C; \varphi)$ de centro C e raio φ, que não passa por P_0 (ou seja, $\|C - P_0\| \neq \varphi$).

Se

$$A = C - \varphi.\frac{C - P_0}{\|C - P_0\|} \quad , \quad B = C + \varphi.\frac{C - P_0}{\|C - P_0\|} \quad \text{e} \quad D = \frac{1}{2}(f(A) + f(B)),$$

então A e B estão em $\mathbb{S}(C; \varphi)$, são diametralmente opostos nessa esfera e D será o ponto médio do segmento de reta $[f(A)f(B)]$.

Seja P um ponto qualquer de $\mathbb{S}(C; \varphi)$. Então $\|P - C\| = \varphi$, e

$$\varphi^2 = \|P - C\|^2 = \|P - P_0\|^2 - 2\langle P - P_0, C - P_0\rangle + \|C - P_0\|^2, \tag{12.5}$$

[1] Pois a inversão geométrica é uma bijeção

onde aqui usamos a relação

$$\|v-w\|^2 = \|v\|^2 - 2\langle v, w\rangle + \|w\|^2 \ \forall \ v, w \in \mathbb{R}^n.$$

Vamos provar que

$$\|f(P) - D\| = \left(\frac{r^2}{\|A-P_0\|.\|B-P_0\|}\right)\varphi, \tag{12.6}$$

ou seja, que $f(D)$ estará na esfera $\mathbb{S}(D;\mu)$ (onde $\mu = \left(\frac{r^2}{\|A-P_0\|.\|B-P_0\|}\right)\varphi$).
Isso será suficiente para garantirmos que $f(\mathbb{S}(C;\varphi)) = \mathbb{S}(D;\mu)$.
Para simplificar a notação, seja $m = \frac{\varphi}{\|C-P_0\|}$. Observe que

$$\|A-P_0\| = (1-m)^2\|C-P_0\|^2 \quad \text{e} \quad \|B-P_0\| = (1+m)^2\|C-P_0\|^2,$$

o que nos permite afirmar que

$$f(A) = P_0 + \frac{r^2}{(1-m)\|C-P_0\|^2}(C-P_0) \quad \text{e} \quad f(A) = P_0 + \frac{r^2}{(1+m)\|C-P_0\|^2}(C-P_0)$$

e, portanto, que

$$D = P_0 + \frac{r^2}{(1-m^2)\|C-P_0\|^2}(C-P_0). \tag{12.7}$$

Assim sendo, tem-se

$$f(P) - D = \frac{r^2}{\|P-P_0\|^2}(P-P_0) - \frac{r^2}{(1-m^2)\|C-P_0\|^2}(C-P_0).$$

Vamos calcular $\|f(P)-D\|^2 = \langle f(P)-D, f(P)-D\rangle$. Para tanto, observemos que a relação (12.5) nos fornece

$$-2\langle P-P_0, C-P_0\rangle = \varphi - \|P-P_0\|^2 - \|C-P_0\|^2$$

e então

$$\begin{aligned}\|f(P)-D &= \frac{r^4}{\|P-P_0\|^2} - \frac{2r^4\langle P-P_0, C-P_0\rangle}{\|P-P_0\|^2.\|C-P_0\|^2(1-m^2)} + \frac{r^4}{(1-m^2)^2\|C-P_0\|^2} \\ &= \frac{m^2r^4}{\|C-P_0\|^2(1-m^2)^2}\end{aligned}$$

o que nos diz que

$$\begin{aligned}\|f(P)-D\| &= \frac{r^2\varphi}{\|C-P_0\|^2(1-m^2)} \\ &= \frac{r^2\varphi}{|\|C-P_0\|^2-\varphi^2|} \\ &= \left(\frac{r^2}{\|A-P_0\|.\|B-P_0\|}\right)\varphi.\end{aligned}$$

Em suma, temos:

A inversão de centro P_0 e potência r^2 leva hiperesferas $\mathbb{S}^{n-1} \subset \mathbb{R}^n$ que não passam por P_0 em hiperesferas $\mathbb{S}^{n-1} \subset \mathbb{R}^n$ que também não passam por P_0. Se C e φ são respectivamente o centro e o raio da esfera a ser invertida, então

$$D = P_0 + \frac{r^2}{|\|C - P_0\|^2 - \varphi^2|}(C - P_0)$$

e

$$\mu = \left(\frac{r^2}{|\|C - P_0\|^2 - \varphi^2|}\right)\varphi$$

são respectivamente o centro e o raio resultantes.

Observação 12.3. *É imediata a verificação de que hiperesferas concêntricas com a esfera de inversão serão invertidas também em hiperesferas concêntricas com a esfera de inversão. O centro e o raio da esfera resultante são instantaneamente deduzidos a partir das expressões do quadro acima, lembrando que nesse caso teríamos* $C \equiv P_0$.

12.3 A projeção Estereográfica n-Dimensional

Nesta seção definiremos a projeção estereográfica $n-$dimensional, começando com uma esfera no espaço tridimensional. Trata-se de uma aplicação que faz uso de um ponto específico da esfera para projetar todos os outros pontos em um plano.

12.3.1 A Projeção Estereográfica Tridimensional

Consideremos a seguinte situação:

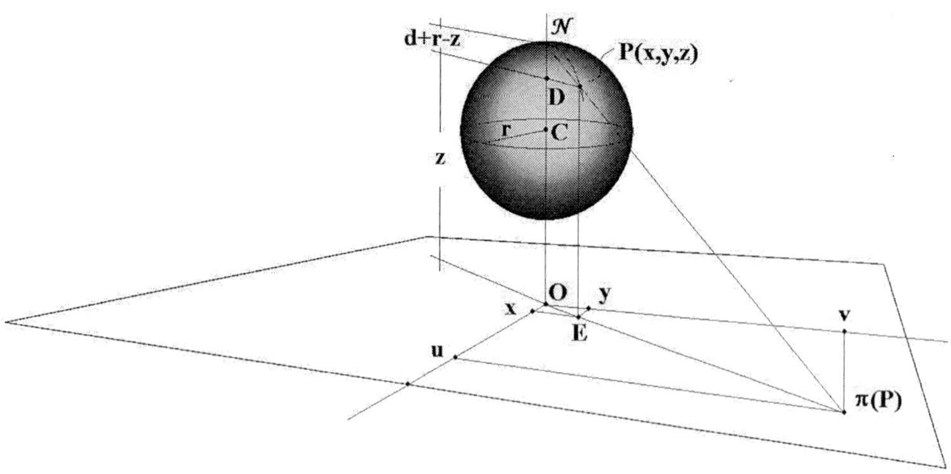

Figura 12.1: Projeção estereográfica sobre o plano.

Uma esfera $\mathcal{A}$ de raio r com centro sobre o eixo z do sistema cartesiano ortogonal em $\mathbb{R}^3$ é tal que a distância entre seu centro C e a origem O é d. Observe que no caso da figura 12.1 o polo norte $\mathcal{N}$ é o ponto $(0, 0, d+r)$. Um ponto $P(x, y, z)$ dessa esfera, distinto de $\mathcal{N}$, é projetado no plano xy com auxílio da reta $\mathcal{N}P$, fornecendo-nos o ponto $(u, v, 0)$ desse plano, identificado naturalmente com o ponto $\pi(P) = (u, v) \in \mathbb{R}^2$.

1. Observe que a equação cartesiana de $\mathcal{A}$ é

$$x^2 + y^2 + (z - d)^2 = r^2. \tag{12.8}$$

2. Use a semelhança entre os triângulos NDP e $NO\pi(P)$ para obter a relação

$$\frac{r-(z-d)}{d+r}=\frac{\sqrt{x^2+y^2}}{\sqrt{u^2+v^2}},$$

a partir da qual, com auxílio da equação (12.8), você poderá chegar a $\frac{r-(z-d)}{d+r}=\frac{\sqrt{r^2-(z-d)^2}}{\sqrt{u^2+v^2}}$, obtendo assim z em função de u e v:

$$z=z(u,v)=\frac{(d+r)(u^2+v^2+d^2-r^2)}{u^2+v^2+(d+r)^2}. \tag{12.9}$$

De fato, elevando ao quadrado os dois membros da igualdade $\frac{r-(z-d)}{d+r}=\frac{\sqrt{r^2-(z-d)^2}}{\sqrt{u^2+v^2}}$ teremos

$$\frac{[r-(z-d)]^2}{(d+r)^2}=\frac{r^2-(z-d)^2}{u^2+v^2}=\frac{[r+(z-d)].[r-(z-d)]}{u^2+v^2}$$

e portanto

$$\frac{r-(z-d)}{(d+r)^2}=\frac{r+(z-d)}{u^2+v^2}.$$

Igualando os produtos dos meios e dos extremos e isolando $(z-d)$ obteremos

$$z-d=\frac{r[u^2+v^2-(d+r)^2]}{u^2+v^2+(d+r)^2}, \tag{12.10}$$

de onde facilmente obtemos a relação (12.9).

A relação (12.10) também facilmente nos fornece uma expressão para $r^2-(z-d)^2$ em funão de u, v, d e r:

$$r^2-(z-d)^2=\frac{4r^2(d+r)^2(u^2+v^2)}{[u^2+v^2+(d+r)^2]^2}$$

e portanto

$$\sqrt{x^2+y^2}=\sqrt{r^2-(z-d)^2}=\frac{2r(d+r)\sqrt{u^2+v^2}}{u^2+v^2+(d+r)^2}.$$

Usando a expressão acima e uma semelhança entre triângulos retângulos no plano xy da figura 12.1, podemos encontrar x e y em função de u e v:

$$\frac{x}{u}=\frac{y}{v}=\frac{\sqrt{x^2+y^2}}{\sqrt{u^2+v^2}}=\frac{2r(d+r)}{u^2+v^2+(d+r)^2}.$$

Isso nos fornece

$$x=x(u,v)=\frac{2r(d+r)u}{u^2+v^2+(d+r)^2} \quad \text{e} \quad y=y(u,v)=\frac{2r(d+r)v}{u^2+v^2+(d+r)^2}. \tag{12.11}$$

Trabalhando uma vez mais com semelhança entre triângulos retângulos (ver figura 12.1) podemos escrever

$$\frac{r-(z-d)}{d+r}=\frac{x}{u}=\frac{y}{v}$$

obtendo assim u e v em função de x, y e z:

$$u=u(x,y,z)=\frac{(d+r)x}{r-(z-d)} \quad \text{e} \quad v=v(x,y,z)=\frac{(d+r)x}{r-(z-d)}. \tag{12.12}$$

Observemos que as relações acima nos permitem definir uma aplicação $f:\mathbb{R}^2\to\mathcal{A}-\{\mathcal{N}\}$ por

$$f(u,v)=\left(\frac{2r(d+r)u}{u^2+v^2+(d+r)^2},\ \frac{2r(d+r)v}{u^2+v^2+(d+r)^2},\ \frac{(d+r)(u^2+v^2+d^2-r^2)}{u^2+v^2+(d+r)^2}\right)$$

e também a aplicação $\pi : \mathcal{A} - \{\mathcal{N}\} \to \mathbb{R}^2$, dada por

$$\pi(x, y, z) = (u, v) = \left(\frac{(d+r)x}{r-(z-d)}, \frac{(d+r)y}{r-(z-d)} \right),$$

e que a aplicação f do item acima é precisamente a inversa de π.

Podemos também constatar que a aplicação π obtida acima leva o polo sul $S(0,0,d-r)$ dessa esfera na origem, e leva o equador dessa esfera na circunferência de $\mathbb{R}^2$ dada por

$$u^2 + v^2 = (d+r)^2.$$

Em suma, temos o seguinte:

A projeção estereográfica de $\mathcal{A} - \{\mathcal{N}\} \subset \mathbb{R}^3$ em $\mathbb{R}^2$ é a aplicação $\pi : \mathcal{A} - \{\mathcal{N}\} \to \mathbb{R}^2$ que, a cada $p(x, y, z) \in \mathcal{A} - \{\mathcal{N}\}$, associa

$$u = \pi(p) = \left(\frac{(d+r)x}{r-(z-d)}, \frac{(d+r)y}{r-(z-d)} \right).$$

Essa aplicação possui inversa π^{-1}, dada por

$$\pi^{-1}(u,v) = \left(\frac{2r(d+r)u}{u^2+v^2+(d+r)^2}, \frac{2r(d+r)v}{u^2+v^2+(d+r)^2}, \frac{(d+r)(u^2+v^2+d^2-r^2)}{u^2+v^2+(d+r)^2} \right).$$

Observação 12.4. *Podemos observar que as aplicações f e π acima são simplesmente extensões dimensionais de caso por nós já visitado (a projeção estereográfica plana).*

Neste ponto, sugerimos reescrever as relações do quadro acima para os casos particulares $d = r$ e $d = 0$, fazendo um desenho desses casos.

Observação 12.5. *Podemos particularizar ainda mais, repetindo o processo anterior (sem precisar repetir o desenho) para $r = 1$. Compare agora com as expressões da projeção estereográfica exibidas nos livros de Elon L. Lima e de Manfredo do Carmo.*

Na verdade, de maneira bem geral essa aplicação tem a propriedade de levar circunferências de $\mathcal{A}$ que não tocam $\mathcal{N}$ em circunferências de $\mathbb{R}^2$, e de levar circunferências de $\mathcal{A}$ que tocam $\mathcal{N}$ em retas de $\mathbb{R}^2$. Mas isso será por nós demonstrado um pouco mais adiante.

Passemos agora a mais um salto dimensional.

12.3.2 O Caso Geral

Podemos estender e generalizar (apenas algebricamente e) sem fazer contas, a situação do quadro anterior para a esfera de $\mathbb{R}^{n+1}$ de raio r e centrada em $C(0, ..., 0, d)$, com polo norte $\mathcal{N}(0, ..., 0, d+r)$, projetada em $\mathbb{R}^n$ por intermédio de uma aplicação que leva um ponto $P(x_1, ..., x_n, x_{n+1}) \neq \mathcal{N}$ de $\mathcal{A}$ em um ponto $(u_1, ..., u_n) \in \mathbb{R}^n$, definindo o seguinte:

A projeção estereográfica de $\mathcal{A} - \{\mathcal{N}\} \subset \mathbb{R}^{n+1}$ em $\mathbb{R}^n$ é a aplicação $\pi : \mathcal{A} - \{\mathcal{N}\} \to \mathbb{R}^n$ que, a cada $p(x, y, z) \in \mathcal{A} - \{\mathcal{N}\}$, associa

$$(u_1, ..., u_n) = \pi(p) = \left(\frac{(d+r)x_1}{r-(x_{n+1}-d)}, ..., \frac{(d+r)x_n}{r-(x_{n+1}-d)} \right).$$

Essa aplicação possui inversa π^{-1}, dada por

$$\pi^{-1}(u_1, ..., u_n) = \left(\frac{2r(d+r)u_1}{\|y\|^2+(d+r)^2}, ..., \frac{2r(d+r)u_n}{\|y\|^2+(d+r)^2}, \frac{(d+r)(\|y\|^2+d^2-r^2)}{\|y\|^2+(d+r)^2} \right),$$

onde $\|y\|$ é a norma euclidiana de $(u_1, ..., u_n)$ em $\mathbb{R}^n$.

Pode-se verificar que essas aplicações são de fato inversas uma da outra - o que faremos mais adiante - e que, conexão com isso, $\pi^{-1}(u_1, ..., u_n)$ está em $\mathcal{A} - \{\mathcal{N}\}$.

É instrutivo reescrever, uma vez mais, tais relações para os casos particulares $d = r$ e $d = 0$ e particularizar ainda mais, repetindo esse serviço para $r = 1$.

Ocorre, entretanto, que não precisamos ficar no terreno da mera ampliação das expressões para conseguir essa extensão dimensional. O caso geral, englobando todos os outros, pode ser obtido através de um simples raciocínio algébrico:

A ideia básica é nos valermos do "polo norte" $\mathcal{N} = (0, 0, ..., 0, d + r)$ para, uma vez tomado um ponto qualquer $P(x_1, ..., x_n, x_{n+1}) \neq \mathcal{N}$ de $\mathcal{A}$, termos definida uma reta $\mathcal{N}P$, cuja intersecção com $\mathbb{R}^2$ será aquilo que definimos como a projeção estereográfica $\pi(P) = (u_1, ..., u_n)$, de $\mathcal{A} - \mathcal{N}$ sobre $\mathbb{R}^n$.

Uma vez que o ambiente no qual estaremos agora trabalhando é o espaço $(n + 1)-$dimensional $\mathbb{R}^{n+1}$, identificaremos $\pi(P) = (u_1, ..., u_n) \in \mathbb{R}^n$ com o ponto $(u_1, ..., u_n, 0) \in \mathbb{R}^{n+1}$.

Seja, então, $P = (x_1, ..., x_n, x_{n+1})$ um ponto qualquer de $\mathcal{A}$, distinto de $\mathcal{N}$. A reta $s = s(t)$ definida por P e $\mathcal{N}$ é então dada, em forma vetorial, por

$$s(t) = \mathcal{N} + t(P - \mathcal{N})$$

onde $t \in \mathbb{R}$ é o parâmetro.

O que nos permite escrever

$$s(t) = (tx_1, ..., tx_n, d + r + t[x - n + 1 - (d + r)]).$$

Estamos obviamente interessados na intersecção dessa reta com $\mathbb{R}^n$, cujos pontos $= (x_1, ..., x_n, x_{n+1})$ estamos identificando aqui com $(u_1, ..., u_n, 0) \in \mathbb{R}^{n+1}$. Com isso temos também $u_1 = tx_1,...,u_n = tx_n$.

Ora, uma tal intersecção se dará quando a última coordenada de s for nula, o que ocorrerá quando

$$t = \frac{d + r}{(d + r) - x_{n+1}}.$$

Note que tal valor de t está bem definido, uma vez que $P \neq \mathcal{N}$ e, portanto, $x_{n+1} \neq d + r$.

Observe que aplicando esse valor de t em $u_1 = tx_1,...,u_n = tx_n$ encontraremos imediatamente

$$(u_1, ..., u_n) = \pi(p) = \left(\frac{(d + r)x_1}{r - (x_{n+1} - d)}, ..., \frac{(d + r)x_n}{r - (x_{n+1} - d)} \right). \tag{12.13}$$

Vamos agora usar as mesmas ideias acima adotadas, para obtermos um ponto $P = (x_1, ..., x_n, x_{n+1})$ de $\mathcal{A}$ que corresponda a um ponto $Q = (u_1, ..., u_n, 0)$.

A reta μ determinada por $\mathcal{N}$ e Q pode ser escrita como

$$\mu = \mu(\lambda) = \mathcal{N} + \lambda(Q - \mathcal{N}) = (\lambda u_1, ..., \lambda u_n, (1 - \lambda)(d + r)) \tag{12.14}$$

onde $\lambda \in \mathbb{R}$ é o parâmetro.

Assim sendo, um ponto de μ pertencerá a $\mathcal{A}$ quando $(\lambda u_1, ..., \lambda u_n, (1 - \lambda)(d + r)) \in \mathcal{A}$, ou seja, quando

$$(\lambda u_1)^2 + ... + (\lambda u_n)^2 + [(1 - \lambda)(d + r) - d]^2 = r^2.$$

Mas isso nos fornece $\lambda^2[(u_1^2 + ... + u_n^2) + (d + r)^2] - 2\lambda r(d + r) = 0$ ou

$$\lambda \left\{ \lambda[\|y\|^2 + (d + r)^2] - 2r(d + r) \right\} = 0.$$

Mas isso nos dará $\lambda = 0$ (o que de acordo com a relação (12.14) será o polo norte), ou

$$\lambda = \frac{2r(d + r)}{\|y\|^2 + (d + r)^2}$$

valor que nos fornecerá o outro ponto em que a reta μ encontrará $\mathcal{A}$.

Aplicando tal valor na relação (12.14) obteremos que as coordenadas $(x_1, ..., x_n, x_{n+1})$ de tal ponto serão

$$\left(\frac{2r(d+r)u_1}{\|y\|^2+(d+r)^2}, ..., \frac{2r(d+r)u_n}{\|y\|^2+(d+r)^2}, \frac{(d+r)(\|y\|^2+d^2-r^2)}{\|y\|^2+(d+r)^2}\right).$$

Ficam, portanto, justificadas as expressões usadas no quadro acima.

Vamos agora atentar para uma propriedade muito importante da projeção estereográfica.

Com a notação geral por nós usada na definição, podemos observar que, para cada $P \in \mathcal{A} - \{\mathcal{N}\}$,

$$\pi(P) - \mathcal{N} = (u_1, ..., u_n, -(d+r))$$

e que

$$P - \mathcal{N} = (x_1, ..., x_n, x_{n+1} - (d+r)).$$

Segue, então, que

$$\begin{aligned}
\pi(P) - \mathcal{N} &= \left(\frac{(d+r)x_1}{r-(x_{n+1}-d)}, ..., \frac{(d+r)x_n}{r-(x_{n+1}-d)}, -(d+r)\right) \\
&= \frac{d+r}{r-(x_{n+1}-d)}(x_1, ..., x_n, -[r-(x_{n+1}-d)]) \\
&= \frac{d+r}{r-(x_{n+1}-d)}(P-\mathcal{N}).
\end{aligned}$$

Por outro lado,

$$\begin{aligned}
\|P-\mathcal{N}\|^2 &= x_1^2 + ... + x_n^2 + [(x_{n+1}-d)-r]^2 \\
&= r^2 - (x_{n+1}-d)^2 + (x_{n+1}-d)^2 - 2r(x_{n+1}-d) + r^2 \\
&= 2r^2 - 2r(x_{n+1}-d) \\
&= 2r[r-(x_{n+1}-d)]
\end{aligned}$$

e então podemos imediatamente concluir que

$$\pi(P) = \mathcal{N} + \frac{2r(d+r)}{\|P-\mathcal{N}\|^2}(P-\mathcal{N}). \tag{12.15}$$

Comparando a relação acima com a equação em (12.1) (pág. 133) que define a inversão geométrica, podemos então garantir que

A projeção estereográfica π, que leva um ponto $P(x_1, ..., x_n, x_{n+1}) \in \mathcal{A} - \{\mathcal{N}\}$ em $\mathbb{R}^n$ através de

$$P \mapsto \pi(p) = \left(\frac{(d+r)x_1}{r-(x_{n+1}-d)}, ..., \frac{(d+r)x_n}{r-(x_{n+1}-d)}\right),$$

é precisamente a inversão geométrica de centro $\mathcal{N}$ e potência $2r(d+r)$, quando aplicada a $\mathcal{A} - \{\mathcal{N}\}$.

Denotemos por f a aplicação $f : \mathbb{R}^n \to \mathcal{A} - \{\mathcal{N}\}$ dada por

$$y = (u_1, ..., u_n) \mapsto f(y) = \left(\frac{2r(d+r)u_1}{\|y\|^2 + (d+r)^2}, ..., \frac{2r(d+r)u_n}{\|y\|^2 + (d+r)^2}, \frac{(d+r)(\|y\|^2 + d^2 - r^2)}{\|y\|^2 + (d+r)^2} \right).$$

$f(y)$ pode ser expressa ainda por

$$f(y) = \frac{2r(d+r)}{\|y\|^2 + (d+r)^2} \left(u_1, ..., u_n, \frac{\|y\|^2 + d^2 - r^2}{2r} \right). \tag{12.16}$$

Para o que se segue, convém calcularmos o valor de $r - (x_{n+1} - d)$:

$$\begin{aligned} r - (x_{n+1} - d) &= (d+r) - \frac{(d+r)(\|y\|^2 + d^2 - r^2)}{\|y\|^2 + (d+r)^2} \\ &= \frac{2r(d+r)^2}{\|y\|^2 + (d+r)^2}. \end{aligned}$$

Atente-se para o fato de que a aplicação estereográfica π obtida na relação (12.13) faz corresponder, a cada $P(x_1, ..., x_n, x_{n+1}) \in \mathcal{A} - \{\mathcal{N}\}$, o ponto $\pi(P) = (u_1, ..., u_n)$ de forma que

$$u_i = \frac{(d+r)x_i}{r - (x_{n+1} - d)}, \ i \in \{1, ..., n\}.$$

Como $r - (x_{n+1} - d) = \frac{2r(d+r)^2}{\|y\|^2 + (d+r)^2}$, teremos então que

$$u_i = \frac{\|y\|^2 + (d+r)^2}{2r(d+r)}.x_i, \ i \in \{1, ..., n\}.$$

Vamos fazer agora a composição $\pi(f(y)) : \mathbb{R}^n \to \mathbb{R}^n$. Veja que essa aplicação leva cada u_i em

$$\frac{\|y\|^2 + (d+r)^2}{2r(d+r)}.x_i = \frac{\|y\|^2 + (d+r)^2}{2r(d+r)}.\frac{2r(d+r)u_i}{\|y\|^2 + (d+r)^2},$$

ou seja, no próprio u_i.

Segue que $\pi(f(y)) = y$ para cada $y \in \mathbb{R}^n$, ou seja, que $\pi \circ f$ é a identidade em $\mathbb{R}^n$.

Seja agora $P = (x_1, ..., x_n, x_{n+1})$ um ponto de $\mathcal{A} - \{\mathcal{N}\}$. Então $x_{n+1} < d + r$ e

$$x_1^2 + ... + x_n^2 + (x_{n+1} - d)^2 = r^2.$$

Temos que $\pi(P) = (u_1, ..., u_n) = \left(\frac{(d+r)x_1}{r - (x_{n+1} - d)}, ..., \frac{(d+r)x_n}{r - (x_{n+1} - d)} \right)$ e então, usando a relação (12.16), temos

$$\begin{aligned} f(\pi(P)) &= \frac{2r(d+r)}{\|\pi(P)\|^2 + (d+r)^2} \left(u_1, ..., u_n, \frac{\|y\|^2 + d^2 - r^2}{2r} \right) \\ &= \frac{2r(d+r)}{\|\pi(P)\|^2 + (d+r)^2}.\frac{(d+r)}{r - (x_{n+1} - d)} \left(x_1, ..., x_n, \frac{[\|\pi(P)\|^2 + d^2 - r^2][r - (x_{n+1} - d)]}{2r(d+r)} \right) \end{aligned}$$

Vamos agora usar a relação $r - (x_{n+1} - d) = \frac{2r(d+r)^2}{\|y\|^2 + (d+r)^2}$ que obtivemos acima. Observe que ela nos permite reescrever $f(\pi(P))$ como

$$f(\pi(P)) = \left(x_1, ..., x_n, \frac{[\|\pi(P)\|^2 + d^2 - r^2][r - (x_{n+1} - d)]}{2r(d+r)} \right)$$

e também reescrever $\|\pi(P)\|^2$ como

$$\|\pi(P)\|^2 = \frac{(d+r)^2[r+(x_{n+1}-d)]}{r-(x_{n+1}-d)}.$$

Logo

$$\|\pi(P)\|^2 + d^2 - r^2 = \frac{2r(d+r)x_{n+1}}{r-(x_{n+1}-d)}$$

e portanto

$$f(\pi(P)) = (x_1, ..., x_n, x_{n+1}) = P.$$

Em suma, como $\pi \circ f$ é a identidade em $\mathbb{R}^2$ e $f \circ \pi$ é a identidade em $\mathbb{S}^n - \mathcal{N}$, temos que π e f são inversas uma da outra (ou, equivalentemente, que π é uma bijeção entre $\mathbb{S}^n - \mathcal{N}$ e $\mathbb{R}^n$).

Observação 12.6. *A bijetividade de π, entretanto, poderia também ser deduzida automaticamente sabendo-se apenas que a inversão com centro em $\mathcal{N}$ e potência $2r(d+r)$ (que estende a aplicação π) já é uma bijeção.*

12.3.3 Uma Propriedade Importante

Vamos agora momentaneamente revisitar o caso particular da projeção estereográfica tridimensional, que leva a esfera $\mathcal{A}$ (menos seu polo norte $\mathcal{N}$) no plano $\mathbb{R}^2$.

Consideremos uma circunferência ξ de $\mathcal{A}$ que passa por $\mathcal{N}$. Sabemos que tais circunferências são intersecções de $\mathcal{A}$ com planos que passam por $\mathcal{N}$. Seja então α o plano cuja intersecção com $\mathcal{A}$ é ξ.

Esse plano α não pode ser paralelo ao plano xy, pois, caso contrário, sua equação seria $z = d + r$ e então sua única intersecção com $\mathcal{A}$ seria o ponto $\mathcal{N}$, e não uma circunferência.

A esfera de inversão que realiza essa projeção tem, como sabemos, centro em $\mathcal{N}$ e, portanto, levará o plano α (que passa por $\mathcal{N}$) em si mesmo.

Uma vez que esse plano $\alpha' = \alpha$ não é paralelo ao plano xy, então α' e xy se encontram ao longo de uma reta. É essa reta, portanto, o conjunto dos pontos $\pi(P)$ onde $P \in \xi$.

Em outras palavras, as circunferências de $\mathcal{A}$ que passam por $\mathcal{N}$ são levadas, pela projeção π (que nada mais é do que um caso particular de inversão) em retas de $\mathbb{R}^2$.

A projeção estereográfica de $\mathcal{A} - \{\mathcal{N}\} \subset \mathbb{R}^3$ em $\mathbb{R}^2$ leva circunferências de $\mathcal{A}$ que passam por $\mathcal{N}$ em retas de $\mathbb{R}^2$.

Vamos agora considerar as circunferências de $\mathcal{A}$ que não passam por $\mathcal{N}$.

Para cada uma de tais circunferências ξ, existe ainda um plano α cuja intersecção com $\mathcal{A}$ é ξ. Seja

$$Ax + By + Cz + D = 0$$

a equação desse plano, onde supomos, sem perda de generalidade, que $A^2 + B^2 + C^2 = 1$. Isso significa que o vetor $\vec{u} = (A, B, C)$ é unitário. Observe também que $\vec{u}$ é normal ao plano α.

A distância h entre $\mathcal{N}$ e esse plano é dada por

$$\begin{aligned} h &= \frac{|A.0 + B.0 + C.(d+r) + D|}{\sqrt{A^2+B^2+C^2}} \\ &= |C(d+r) + D|. \end{aligned}$$

Por outro lado, a condição para que a esfera $\mathcal{A}$ seja intersectada por α segundo uma circunferência é a de que a distância η entre o centro de $\mathcal{A}$ e o plano α seja menor do que r:

$$\begin{aligned} \eta &= \frac{|A.0 + B.0 + C.d + D|}{\sqrt{A^2+B^2+C^2}} \\ &= |Cd + D| < r. \end{aligned}$$

Vamos achar a projeção Q_0 de $\mathcal{N}$ sobre α. Basta considerarmos a reta $\mathcal{N} + t\overrightarrow{u}$, onde t é o parâmetro. Tal reta pode ser reescrita em coordenadas como

$$(tA, tB, (d + r) + tC).$$

Para que um ponto dessa reta pertença a α, suas coordenadas devem satisfazer a equação desse plano, isto é,

$tA^2 + tB^2 + [(d + r) + tC]C + D = 0$ o que, reescrito de outra forma, fica como

$$t(A^2 + B^2 + C^2) + [C(d + r) + D] = 0.$$

Tem-se então que o valor t_0 para o qual encontraremos Q_0 será

$$t_0 = -[C(d + r) + D].$$

Assim sendo, teremos $Q_0 = (t_0A, t_0B, (d + r) + t_0C) =$ e portanto

$$Q_0 - \mathcal{N} = t_0(A, B, C) = t_0\overrightarrow{u}.$$

Lembrando que estamos tratando com a projeção estereográfica π de um subconjunto ξ do plano α (que passa por $\mathcal{N}$), e de que seu efeito é o mesmo que o da inversão de centro $\mathcal{N}$ e potência $2r(d + r)$, então $\pi(\xi)$ estará no inverso α' com respeito a tal inversão. Mas o inverso de um plano que não passa pelo centro de inversão é uma esfera $\mathcal{B}$ que passa por esse centro.

E qual seria o raio $\mathcal{R}$ dessa esfera $\mathcal{B}$?

Ora, como o inverso de Q_0 é diametralmente oposto a $\mathcal{N}$, temos $h.2\mathcal{R} = 2r(d+r)$ (lembre-se de que $2r(d+r)$ é a potência de inversão). Assim sendo, temos

$$\mathcal{R} = \frac{r(d + r)}{|C(d + r) + D|} = \frac{r(d + r)}{|t_0|}.$$

O centro C_0 de $\mathcal{B}$ pode ser obtido somando-se $\mathcal{N}$ com $\mathcal{R}$ vezes o vetor unitário com mesma direção e sentido que $Q_0 - \mathcal{N}$:

$$\begin{aligned} C_0 &= \mathcal{N} + \mathcal{R}\frac{Q_0 - \mathcal{N}}{||Q_0 - \mathcal{N}||} \\ &= \mathcal{N} + \frac{\mathcal{R}t_0}{|t_0|}\overrightarrow{u} \end{aligned}$$

ou seja

$$C_0 = \left(\frac{\mathcal{R}t_0}{|t_0|}A, \frac{\mathcal{R}t_0}{|t_0|}B, d + r + \frac{\mathcal{R}t_0}{|t_0|}C\right).$$

A distância entre C_0 e o plano xy é então dada por

$$\left|d + r + \frac{\mathcal{R}t_0}{|t_0|}C\right| = \frac{d + r}{|t_0|^2}.||t_0|^2 + rt_0C|.$$

Avaliando $||t_0|^2 + rt_0C|$, temos

$$\begin{aligned} ||t_0|^2 + rt_0C| &= |[C(d + r) + D]^2 - rC[C(d + r) + D] \\ &= [C(d + r) + D](Cd + D) \\ &= -t_0(Cd + D). \end{aligned}$$

Assim, podemos reescrever a distância entre C_0 e o plano xy como $\frac{-t_0}{|t_0|^2}(d + r)(Cd + D)$.

Por outro lado, como $|Cd + D| < r$ então $-(Cd + D) < r$ e, portanto, essa distância poderá ser escrita como

$$\frac{-t_0}{|t_0|^2}(d + r)(Cd + D) < \frac{t_0r(d + r)}{|t_0|^2}$$

e, como $t_0 \leq |t_0|$, tem-se

$$\frac{-t_0}{|t_0|^2}(d+r)(Cd+D) < \frac{r(d+r)}{|t_0|} = \mathcal{R}.$$

Segue que a esfera $\mathcal{B}$ é secante ao plano xy, uma vez que a distância entre seu centro C_0 e esse plano é menor que $\mathcal{R}$. Lembremo-nos de que o plano xy é o inverso de $\mathcal{A}$ com respeito ao centro $\mathcal{N}$ e potência $2r(d+r)$. A intersecção de $\mathcal{B}$ com xy é, portanto, o inverso da intersecção de α com $\mathcal{A}$.

Em suma,

> A projeção estereográfica de $\mathcal{A} - \{\mathcal{N}\} \subset \mathbb{R}^3$ em $\mathbb{R}^2$ leva circunferências de $\mathcal{A}$ que não passam por $\mathcal{N}$ em circunferências de $\mathbb{R}^2$.

Em conexão com isso podemos também observar (a partir da expressão para C_0) que as coordenadas do centro dessa circunferência em $\mathbb{R}^2$ são $x = \frac{\mathcal{R}t_0}{|t_0|}A$ e $y = \frac{\mathcal{R}t_0}{|t_0|}B$.

Capítulo 13

Pequena Digressão Sobre Análise Vetorial

Nesta seção iremos pressupor que o leitor já tem uma pequena noção da topologia nos espaços euclidianos, bem como de limites de aplicações vetoriais, e faremos, por meio de uma sequência de exercícios, um breve estudo dirigido com a finalidade de lembrar alguns conceitos da análise no $\mathbb{R}^n$. Repetimos que não é nosso objetivo aqui explanar ou desenvolver de forma completa os conteúdos necessários de análise e álgebra linear. Nesta parte, assumimos que o leitor já tem a base necessária. Caso se deseje fazer uma introdução cuidadosa ao assunto de topologia nos espaços euclidianos, recomendamos o primeiro capítulo de [4].

13.1 Aplicações Diferenciáveis; Diferencial de Uma Aplicação

Seja $U \subset \mathbb{R}^n$ aberto, e seja $\mathbf{a} \in U$. Dizemos que $f : U \to \mathbb{R}^m$ é diferenciável em $\mathbf{a}$, quando existir uma aplicação linear $T_a : \mathbb{R}^n \to \mathbb{R}^m$, tal que

$$f(\mathbf{a}+\mathbf{v}) = f(\mathbf{a}) + T_{\mathbf{a}}(\mathbf{v}) + \rho(\mathbf{v})\|\mathbf{v}\|, \tag{13.1}$$

onde $lim_{\mathbf{v}\to 0}\rho(\mathbf{v}) = 0$.

1. Mostre que, para cada $\mathbf{a}$ onde f é diferenciável, é única a aplicação linear $T_{\mathbf{a}}$ que satisfaz a relação (13.1).

2. Prove que se $f : I \subset \mathbb{R} \to \mathbb{R}$ (onde I é um intervalo aberto) é diferenciável em $a \in I$, então uma avaliação da aplicação linear $T_a : \mathbb{R} \to \mathbb{R}$ nos mostra que a relação

$$f(a+h) = f(a) + T_a(h) + \rho(h)|h|$$

com $lim_{h\to 0}\rho(h)$ nos restitui que

$$lim_{h\to 0}\frac{f(a+h)-f(a)}{h} = f'(a),$$

onde $f'(a)$ aqui é a derivada de f em a, no sentido em que comumente é definida nos cursos de Cálculo I.

3. Prove que se $\alpha : I \subset \mathbb{R} \to \mathbb{R}^n$ é diferenciável em $t_0 \in I$, então uma avaliação da aplicaçao linear $T_{t_0} : \mathbb{R} \to \mathbb{R}^n$ nos mostra que a relação

$$\alpha(t_0+t) = \alpha(t_0) + T_{t_0}(t) + \rho(t)|t|$$

com $lim_{t\to 0}\rho(t)$ nos restitui que $T_{t_0}(1) = \alpha'(t_0)$ onde $\alpha'(t_0)$ aqui é a derivada de α em t_0, no sentido em que comumente é definida nos cursos de Cálculo II. Conclua que se α é diferenciável em t_0, então

$$\alpha(t_0+t) = \alpha(t_0) + t.\alpha'(t_0) + \rho(t)|t|, \tag{13.2}$$

com $lim_{t\to 0}\rho(t)$.

4. Prove que se $f : U \subset \mathbb{R}^n \to \mathbb{R}$ é diferenciável em $\mathbf{a} \in U$, então uma avaliação da aplicação linear $T_{\mathbf{a}} : \mathbb{R}^n \to \mathbb{R}$ nos mostra que
$$T_{\mathbf{a}}(\mathbf{v}) = \frac{\partial f}{\partial \mathbf{v}}(\mathbf{a}), \tag{13.3}$$
onde $\frac{\partial f}{\partial \mathbf{v}}(\mathbf{a})$ é a derivada direcional do vetor v no ponto a, no sentido em que é definida nos cursos de Cálculo II.

5. Sejam $U \subset \mathbb{R}^n$, $V \subset \mathbb{R}^m$ abertos, e $g : U \to \mathbb{R}^m$, $f : V \to \mathbb{R}^p$, diferenciáveis em $\mathbf{a} \in U$, $\mathbf{b} = g(\mathbf{a}) \in V$, com $g(U) \subset V$. Sejam $T_{\mathbf{a}}$ e $\widetilde{T}_{\mathbf{b}}$ as (únicas) transformações lineares na definição de diferenciabilidade de g em $\mathbf{a}$ e de f em $\mathbf{b}$, respectivamente.

   Mostre que $f \circ g : U \to \mathbb{R}^p$ é diferenciável no ponto $\mathbf{a}$, e que a (única) aplicação linear S_a, dada por
$$(f \circ g)(a + v) = (f \circ g)(a) + S_a(v) + c(v)\|v\|,\ lim_{v \to 0} C(v) = 0,$$
é fornecida por $S_a = \widetilde{T}_b \circ T_a$.

6. Seja $V \subset \mathbb{R}^m$ aberto, e seja $f : V \to \mathbb{R}$ diferenciável em $\mathbf{a} \in V$. Seja $\alpha : (-\varepsilon, \varepsilon) \to \mathbb{R}^m$ diferenciável em $t = 0$, e tal que $\alpha(0) = \mathbf{a}$ e $\alpha(-\varepsilon, \varepsilon) \subset V$. Denotemos por v o vetor $\alpha'(0)$.

   Se $\beta := f \circ \alpha : (-\varepsilon, \varepsilon) \to \mathbb{R}$, mostre que β é diferenciável em $t = 0$ e que
$$\beta'(0) = \frac{\partial f}{\partial \mathbf{v}}(\mathbf{a}), \tag{13.4}$$
onde $\frac{\partial f}{\partial \mathbf{v}}(\mathbf{a})$ é a derivada direcional do vetor v no ponto a, no sentido em que é definida nos cursos de Cálculo II.

   Conclua que o vetor $\beta'(0)$ não depende da curva $\alpha : (-\varepsilon, \varepsilon) \to \mathbb{R}$ que seja diferenciável em $t = 0$, com $\alpha'(0) = v$.

   Segue-se que está bem definida, para cada $\mathbf{a} \in V$ no qual f é diferenciável, uma aplicação $df_a : \mathbb{R}^m \to \mathbb{R}$ da seguinte forma: Para cada $v \in \mathbb{R}^m$, tomamos arbitrariamente uma curva $\alpha : (-\varepsilon, \varepsilon) \to \mathbb{R}^m$, diferenciável em $t = 0$, com $\alpha'(0) = v$ e tal que $\alpha(-\varepsilon, \varepsilon) \subset V$, e fazemos
$$df_a(v) := \beta'(0) = (f \circ \alpha)'(0). \tag{13.5}$$

7. Estenda o enunciado e as conclusões da questão anterior para $f : V \subset \mathbb{R}^m \to \mathbb{R}^p$, e prove o que você enunciou. Observe que, neste caso, a derivada direcional não será mais um número, e sim um vetor. Em todos os casos, a aplicação $df_{\mathbf{a}}$ é dita a diferencial de f em $\mathbf{a}$. Use a equação (13.1) para mostrar que, quando f é diferenciável em $\mathbf{a}$, então $T_{\mathbf{a}} = df_{\mathbf{a}}$. Conclua que a diferencial $df_a : \mathbb{R}^m \to \mathbb{R}^p$ é uma aplicação linear.

   Seja $f : V \subset \mathbb{R}^m \to \mathbb{R}^p$ diferenciável em um ponto $a \in V$. Então sabemos que existe uma (única) transformação linear $\widetilde{T}_a : \mathbb{R}^m \to \mathbb{R}^p$ tal que
$$f(a + w) = f(a) + \widetilde{T}_a(w) + r(w),\ \text{onde } lim_{w \to 0} \frac{r(w)}{\|w\|} = 0.$$

   Sabemos também (veja a digressão sobre álgebra vetorial) que a matriz A dessa transformação linear é dada, nas bases canônicas, por
$$A = \begin{pmatrix} \widetilde{T}_a^1(e_1) & \widetilde{T}_a^1(e_2) & \dots & \widetilde{T}_a^1(e_m) \\ \widetilde{T}_a^2(e_1) & \widetilde{T}_a^2(e_2) & \dots & \widetilde{T}_a^2(e_m) \\ \vdots & \vdots & \ddots & \vdots \\ \widetilde{T}_a^p(e_1) & \widetilde{T}_a^p(e_2) & \dots & \widetilde{T}_a^p(e_m) \end{pmatrix},$$
e que, para cada $i \in I_p$, $\widetilde{T}_a^i : \mathbb{R}^m \to \mathbb{R}^p$ é linear.
   Seja agora $v = (\lambda_1, ..., \lambda_m)$ um vetor qualquer de $\mathbb{R}^m$. Tomemos uma curva $\alpha : (-\varepsilon, \varepsilon) \to V$, diferenciável em $\alpha(0) = a$, e tal que $\alpha'(0) = v$. Uma tal curva sempre existe pois, por exemplo, podemos tomar $\alpha(t) = a + tv$ (veja que isso satisfaz naturalmente as condições requeridas sobre a e v). Saliente-se,

entretanto, que estamos tomando *qualquer* curva α que cumpre as condições requeridas sobre a e v. Veja então que a diferenciabilidade de α em 0 pode ser expressa como

$$\alpha(0+t) = \alpha(0) + T_0(t) + s(t), \text{ onde } lim_{t\to 0}\frac{s(t)}{|t|} = 0$$

onde $T_0(t) = t.\alpha'(0) = t.v \ \forall\ t \in \mathbb{R}$.
Mas, pela questão 5 da presente lista, temos que a aplicação $\beta := f \circ \alpha$ é diferenciável em 0, e que sua aplicação linear associada $L_0 : \mathbb{R} \to \mathbb{R}^p$, na relação

$$\beta(0+t) = \beta(0) + L_0(t) + \mu(t) \text{ com } lim_{t\to 0}\frac{\mu(t)}{|t|} \tag{13.6}$$

é dada por

$$L_o = \widetilde{T}_a \circ T_0.$$

Observe que, dividindo tudo por t e passando ao limite na relação (13.6), teremos $\beta'(0) = L_0(1)$.
Segue pois que

$$\beta'(0) = L_0(1) = (\widetilde{T}_a \circ T_0)(1) = \widetilde{T}_a(T_0(1)) = \widetilde{T}_a(v) = A.v,$$

ou seja, que

$$\beta'(0) = \begin{pmatrix} \widetilde{T}^1_a(e_1) & \widetilde{T}^1_a(e_2) & \dots & \widetilde{T}^1_a(e_m) \\ \widetilde{T}^2_a(e_1) & \widetilde{T}^2_a(e_2) & \dots & \widetilde{T}^2_a(e_m) \\ \vdots & \vdots & \ddots & \vdots \\ \widetilde{T}^p_a(e_1) & \widetilde{T}^p_a(e_2) & \dots & \widetilde{T}^p_a(e_m) \end{pmatrix} \cdot \begin{pmatrix} \lambda_1 \\ \vdots \\ \lambda_m \end{pmatrix},$$

que evidentemente não depende da curva α, e sim do ponto a, das coordenadas do vetor v que foi dado *a priori* e das bases tomadas nos respectivos espaços.

8. Sejam U um aberto de $\mathbb{R}^n$, e $f : U \to \mathbb{R}^m$ diferenciável em $\mathbf{a} \in U$. Então, para cada $\mathbf{x} \in U$, temos

$$f(\mathbf{x}) = (f^1(\mathbf{x}), ..., f^m(\mathbf{x})),$$

onde adotamos a base canônica e, para cada $i \in I_m$, $f^i : U \to \mathbb{R}$ é a *função coordenada* correspondente.

(a) Mostre que, para cada i, f^i é diferenciável em $\mathbf{a}$;

(b) Mostre que a matriz A da aplicação $T_a = df_a$ é dada por

$$\begin{pmatrix} df^1(e_1) & df^1(e_2) & \dots & df^1(e_n) \\ df^2(e_1) & df^2(e_2) & \dots & df^2(e_n) \\ \vdots & \vdots & \ddots & \vdots \\ df^m(e_1) & df^m(e_2) & \dots & df^m(e_n) \end{pmatrix}.$$

13.2 Diferenciando Algumas Aplicações Básicas

Para o que se segue, $p_0 \in \mathbb{R}^n$ é um ponto fixo (um vetor constante), $U \subset \mathbb{R}^n$ é um aberto, e são diferenciáveis (em $p \in U$) as aplicações $h : U \to \mathbb{R}$, $g : U \to \mathbb{R}^m$ e $h : \ell \to \mathbb{R}^m$. Além disso, v denotará um vetor qualquer de $\mathbb{R}^n$.

1. Se $f : U \to \mathbb{R}^n$ é dada por $f(p) = p_0 + p$, mostre que $df_p = I_p$ (a identidade em p).

2. Se $f : U \to \mathbb{R}^m$ é dada por $f(p) = p_0 + g(p)$, mostre que $df_p = dg_p$.

3. Se $f : U \to \mathbb{R}$ é dada por $f(p) = \langle g(p), \ell(p)\rangle = \langle g, \ell\rangle_p$, mostre que

$$df_p = \langle dg_p(.), \ell(p)\rangle + \langle g(p), d\ell_p(.)\rangle.$$

Mais abreviadamente, podemos escrever isso como

$$df_p = (\langle dg, \ell\rangle + \langle g, d\ell\rangle)_p.$$

4. Em particular, se $f : U \to \mathbb{R}$ é dada por $f(p) = \|g(p)\|^2$ então

$$df_p = 2\langle dg, g\rangle_p.$$

5. Se $f : U \to \mathbb{R}$ é dada por $f(p) = \frac{1}{h(p)}$ $(h(p) \neq 0)$, mostre que

$$df_p = -\left(\frac{dh}{h^2}\right)_p.$$

6. Se $f : U \to \mathbb{R}^m$ é dada por $f(p) = \frac{g(p)}{h(p)}$ $(h(p) \neq 0)$, mostre que

$$df_p = \left(-\frac{g}{h^2}dh + \frac{1}{h}dg\right)_p.$$

7. Seja $r \in \mathbb{R}^*$ uma constante. Se $f : \mathbb{R}^n - \{p_0\} \to \mathbb{R}^n - \{p_0\}$ é dada por

$$f(p) = p_0 + \left(\frac{r}{\|p - p_0\|}\right)^2 (p - p_0),$$

mostre que, para todo $v \in \mathbb{R}^n$,

$$df_p(v) = -\frac{2r^2}{\|p - p_0\|^4}\langle v, p - p_0\rangle(p - p_0) + \frac{r^2}{\|p - p_0\|^2}v.$$

8. Sobre a aplicação da questão 7, mostre que existe uma função $\lambda : \mathbb{R}^n - \{p_0\} \to \mathbb{R}^*$ tal que

$$\|df_p(v)\|^2 = \lambda^2(p)\|v\|^2 \ \forall\ v \in \mathbb{R}^n.$$

9. Mostre que a relação obtida na questão anterior nos dirá que

$$\langle df_p(u), df_p(v)\rangle_{f(p)} = \lambda^2(p)\langle u, v\rangle_p \ \forall\ u, v \in \mathbb{R}^n.$$

Conclua que o ângulo entre duas curvas α e β, com imagens em U, que se interceptam em $p \in U$, será o mesmo ângulo entre as curvas $f \circ \alpha$ e $f \circ \beta$ em $f(p)$. Isso se traduz dizendo que essa aplicação f é *conforme*.

Mostre por que a conformidade obtida na questão anterior é suficiente para garantir a conformidade da projeção estereográfica.

Referências Bibliográficas

[1] CHEN, E., *Euclidean Geometry in Mathematical Olympiads*, The Mathematical Association of America, 2016

[2] COXETER, H.S.M., *Introduction to Geometry*, John Wiley and Sons, 1989

[3] D'IGNAZIO, I. ; SUPPA, E., *Il Problema Geometrico - Dal Compasso al Cabri*, Interlinea Editrice, 2001

[4] LIMA, E.L., *Curso de Análise Vol 2*, IMPA, 1981

[5] SANTOS, N.M.dos., *Vetores e Matrizes*, Ao Livro Técnico S.A., 1972

[6] PATTERSON, B.C., *The Origins of the Geometric Principle of Inversion*, Isis, Vol. 19, No. 1 (Apr., 1933), pp. 154-180

[7] PEDOE, D., *Geometry - A Comprehensive Course*, Dover, 1988

[8] WAGNER, E. ; MOREIRA, C.G.T.A., *10 Olimpíadas Iberoamericanas de Matemática* OEI, 1996

Impressão e acabamento
Gráfica da Editora Ciência Moderna Ltda.
Tel: (21) 2201 - 6662